과학으로 보는
빨간 머리 앤

과학으로 보는
빨간 머리 앤

ⓒ 이보경 · 김주은 2022

초판 1쇄 인쇄일 2022년 4월 5일
초판 1쇄 발행일 2022년 4월 12일

원 작 루시 모드 몽고메리
지은이 이보경 엮 음 김주은
펴낸이 김지영 펴낸곳 지브레인^{Gbrain}
편 집 김현주
마케팅 조명구 제작 · 관리 김동영

출판등록 2001년 7월 3일 제2005-000022호
주소 04021 서울시 마포구 월드컵로7길 88 2층
전화 (02)2648-7224 팩스 (02)2654-7696

ISBN 978-89-5979-682-3(03400)

- 책값은 뒤표지에 있습니다.
- 잘못된 책은 교환해 드립니다.

과학으로 보는
빨간 머리 앤

루시 모드 몽고메리 원작 이보경 지음 김주은 엮음

SCIENCE

《빨간 머리 앤(1908)》은 루시 모드 몽고메리$^{Lucy\ Maud\ Montgomery}$의 자전적 소설로, 소설 속 지명과 앤이 살고 있는 프린스 에드워드 섬은 몽고메리의 고향이자 실재하는 섬이기도 하다.

소설이 발표된 지 100여 년이 흘렀지만, 여전히 앤을 추억하는 매니아가 많다.

《빨간 머리 앤》을 떠올릴 때면, 풍부한 상상력으로 쉴 새 없이 떠드는 앤의 목소리와 애번리 마을의 아름다운 풍경이 눈앞에 펼쳐지는 듯하다.

재잘재잘 떠드는 앤의 수다 속에서 우리는 고난과 역경을 마주하는 고아 소녀의 희망을 읽고 앤의 성장을 묵묵히 바라봐주던 마릴라와 매슈의 사랑은 감동으로 다가온다.

그런데 이 감성 가득한 《빨간 머리 앤》 속에서 과학을 만나게 된다면 어떨까?

《빨간 머리 앤》의 시대배경은 19세기 후반에서 20세기 초반으로, 과학사적 대변혁의 시점이었기 때문에 더 흥미롭게 과학의 흔적을 찾아볼 수 있다.

루시 모드 몽고메리가 《빨간 머리 앤》을 발표하기 3년 전인 1905년, 아인슈타인의 특수 상대성이론이 발표되었고 8년 전인 1900년에는 막스 플랑크가 최초로 양자가설을 세웠다. 그리고 이 두 이론은 현대 물리학을 이끌어가는 거대한 두 개의 축으로 발전해갔다.

200년 넘게 물리학의 절대 진리로 여겨지던 뉴턴의 고전역학이 막이 내리고 새로운 아인슈타인의 우주가 시작되고 있었기 때문이다. 더이상 물리학의 새로운 패러다임이 존재할 수 없을 것이라고 여기던 고전역학자들에게는 충격과 흥분의 시대였을지도 모른다.

그토록 찾아 헤매던 빛의 매질 에테르의 존재에 대한 증거는 불투명해졌고 과감히 에테르를 배재하고 이론을 펼쳐간 아인슈타인의 용기와 독창성은 이해할 수 없는 괴짜로 여겨질 만큼 대담했다.

《빨간 머리 앤》이 첫 출간된 후 8년이 지난 1916년, 특수상대성 이론의 확장판인 일반상대성 이론이 발표되면서 물리학은 지구를 넘어 우주의 원리를 연구하는 대도약의 시기를 맞게 되었다.

앤이 살고 있었던 시대는 과학사에 있어서도, 새로운 물결이 밀려오는 아주 역동적인 시대였던 것이다.

매슈가 도착했을 때는 이미 기차는 떠나버렸고 오갈데 없는 고아 소녀 앤을 30분이나 기다리게 했던 기차 시간은 아인슈타인으로 하여금 특수상대성이론 연구에 몰입하게 만든 계기 중 하나였다. 또 다이애나의 어린 동생 미니메이를 위한 응급처방은 급성후두염의 증상을 잘 이해하고 있었던 앤의 의료 경험 덕분이었다.

빨간 머리 유전자를 가진 앤에게 있어 주근깨는 운명처럼 따라다닐 수밖에 없는 동일 염색체상의 유전자 연관 때문에 발생한 일이며, 딸기주스인 줄 알고 마신 다이애나의 포도주에는 오랜 발효과학이 숨어 있다.

 이처럼 과학은 우리 생활 곳곳에 숨어 있다. 앤이 살던 시대도 그랬다. 이제 《과학으로 보는 빨간 머리 앤》을 통해 20세기 초 캐나다의 한 조용한 시골 마을 프린스 에드워드 섬의 앤 셜리를 만나러 가보자.

 좌충우돌 매번 실수를 하면서도 긍정적인 마음으로 꿈을 향해 다시 일어서는 앤을 보면서 우리는 다시 한 번 용기와 희망을 얻게 될 것이다.

 그리고 앤의 일상을 통해 알려주는 과학 이야기는 어려운 수식이나 복잡한 과학용어에 대한 부담감을 내려놓고 즐거운 과학여행으로 이끌어 줄 것이다.

 귀엽고 사랑스러운 《빨간 머리 앤》의 동화 같은 이야기들을 통해 쉽고 재미있는 과학을 만나길 바란다.

Contents

머리말   4

1   **레이첼 린드 부인, 놀라다**   12

2   **매슈 커스버트, 놀라다**   17
       특수상대성이론   26

3   **마릴라 커스버트, 놀라다**   65

4   **초록 지붕 집의 아침**   72

5   **마릴라, 결심하다**   81

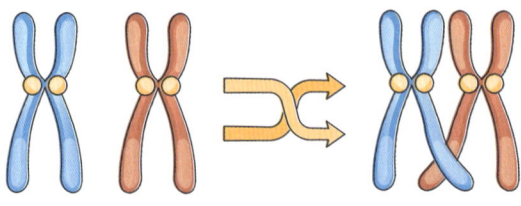

6	앤의 사과	90
7	경건한 맹세와 약속	100
8	앤의 고백	106
9	학교에서 일어난 대소동	112
10	비극으로 끝난 앤의 초대	119
	알코올 발효와 젖산 발효	127

11 생명을 구한 앤　　　　　　　　145
　　　급성후두염　　　　　　　　　151

12 밸리 가에 초대받은 앤　　　　　161

13 매슈, 볼록 소매를 고집하다　　　167

14 허영심과 마음속의 고통　　　　172
　　　연관과 교차　　　　　　　　　176
　　　염색의 역사와 과학적 원리　　204

15 불행한 백합 아가씨　　　　　　218
　　　베르누이 효과와 유체역학　　　223

16 퀸스 반이 결성되다   245

17 합격자 명단이 발표되다   252

18 죽음이라는 이름의 신   261
    심장의 역할   264

19 길모퉁이   280
    백내장과 펨토초 과학   285

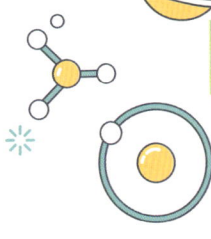

참고 사이트·참고 도서   296

레이첼 린드 부인, 놀라다

  6월 아주 맑은 어느 날 린드 부인은 창가에 앉아 누비이불을 만들다가 마차를 몰고 언덕을 오르고 있는 매슈 커스버트를 발견했다.

  마을의 모든 일에 참견하기를 좋아하는 린드 부인은 몹시 내성적이어서 외출도 잘 하지 않는 매슈가 어디를 가는지 무척 궁금해졌다.

  "매슈가 어디를 가는 걸까?"

  린드 부인은 재빨리 초록 지붕의 집으로 불리는 매슈의 집으로 출발했다. 거리로는 400m밖에 안 되지만 개간지 가장자리에 있어 오솔길을 따라 한참을 걸어야 했다.

린드 부인은 초록 지붕의 집을 향해 찔레꽃이 한창인 한적한 오솔길을 걸으며 중얼거렸다.

"매슈와 마릴라는 참 별난 남매야. 나무만 있는 이런 곳에서 둘만 외롭게 살고 있으니 말이야."

초록 지붕 집에 도착한 린드 부인은 먼지 하나 없다고 느껴질 정도로 깨끗한 뒤뜰을 가로질러 부엌문을 두드렸다.

들어오라는 소리가 들리자 문을 연 린드 부인의 눈에 창가에 앉아 뜨개질을 하고 있는 마릴라가 보였다.

마릴라의 뒤쪽에 있는 테이블에는 세 개의 접시가 놓인 저녁식사가 준비되어 있었다.

역시 매슈가 손님을 데려오는 것 같았지만 손님을 접대한다고 하기에는 음식이 평소와 같았고 디저트도 설탕에 절인 사과밖에 없었다.

"참 기분 좋은 저녁이에요. 어서 오세요."

큰 키에 마르고 각진 몸매의 마릴라는 입가에 부드러운 미소를 띄고 인사를 해왔다. 두 사람은 서로 다른 성격이지만 사이 좋은 친구였다.

"아 매슈가 마차를 타고 어딘가를 가길래 나는 마릴라가 병이 난 것은 아닌가 걱정이 되어 왔어요. 혹시 의사선생님에게 가는 것인가 해서요."

"나는 괜찮아요. 매슈 오빠는 브라이트 리버 역에 고아원에서 오기로 한 남자 아이를 데리러 갔고요."

호기심 많은 린드 부인이 만약 매슈 오빠가 외출하는 것을 발견하면 당장 달려올 것을 알고 있던 마릴라는 웃음이 나왔다.

"지금 제정신으로 하는 말인가요?"

마릴라의 이야기에 잠시 말문이 막혔던 린드 부인이 믿을 수 없다는 얼굴로 물었다.

"예. 제정신이고말구요. 지난 해 크리스마스 며칠 전에 스펜서 부인이 오셔서 홉 타운의 고아원에서 여자 아이 한 명을 데려올 생각이라고 해서 저와 매슈 오빠도 겨울 내내 생각하다가 남자 아이 한 명을 데려올 결심을 했답니다. 매슈 오빠도 늙었고 심장병이 있어서 일을 거들어 줄 남자 아이가 필요하거든요. 그래서 스펜서 부인에게 열 살에서 열한 살 정도 되는 남자 아이를 데려다 달라고 부탁했더니 오늘 저녁 5시 30분 기차로 데리고 온다고 전보를 보내왔어요. 매슈 오빠는 지금 그 남자 아이를 데리러 간 거랍니다."

언제나 자신의 생각을 바로 말하는 성격인 린드 부인은 마릴라의 이야기에 이번에도 바로 생각을 말했다.

"내 생각에는 지금 마릴라는 굉장히 어리석은 짓을 하는 거예요. 생판 모르는 아이를 집에 들이다니요. 어떤 아이가 오게 될지도 모르는데 그건 매우 위험한 일이에요. 가문도 알 수 없고 성격도 모르고… 지난 주에 어떤 부부가 고아원에서 데려온 아이가 불을 질러 하마터면 잠든 채 타 죽을 뻔했다고 신문에도 실렸답니다."

린드 부인의 걱정에 마릴라는 별 걱정 없는 얼굴로 말했다.

"그런 걱정을 하지 않은 것은 아니지만 매슈 오빠가 몹시 원했어요. 매슈 오빠가 이렇게 원하는 것은 매우 드문 일이기 때문에 오빠가 원하면 내가 양보해야 해요. 그리고 세상일은 언제나 위험이 따라다니는 것이니 일일이 걱정하다가는 끝이 없을 거예요."

마릴라의 말에 무안해진 린드 부인은 매슈가 고아를 데리고 올 때까지 기다리고 싶었지만 너무 오래 걸릴 거 같아 자리에서 일어났다.

"아니 뭐 나도 일이 잘 되길 바라고 있어요."

린드 부인은 이 놀라운 뉴스를 한시바삐 벨 씨에게 알려야겠다는 생각에 서둘러 길을 나섰다.

"정말 믿을 수가 없어. 저 초록 지붕의 집에 아이가 있게 된다는 것이…… 매슈와 마릴라는 이미 다 큰 다음에 저 집에 왔으니 저 집에서 아이 그림자조차 본 적이 없기도 하고 게다가 저 남매 성격에 아이를 잘 돌봐줄 수도 없을 거 같으니 말이야. 저 집에 오게 될 아이가 불쌍해."

매슈 커스버트, 놀라다

 매슈는 상쾌한 기분으로 마차를 몰고 달콤한 꽃 향기가 가득한 사과 과수원을 지나 아름다운 농장들 사이를 거쳐 브라이트 리버 역에 도착했다.
 다만 마릴라와 린드 부인 외엔 자연스럽게 말을 할 수 없는 매슈는 길에서 마주치는 여자들과 인사를 나누어야 해서 좀 힘들었다.
 매슈가 브라이트 리버 역에 도착해보니 기차는 보이지 않았고 역도 텅 비어 있었다. 매슈는 매표소에 자물쇠를 채우고 있던 역장을 붙잡고 물어보았다.

"5시 30분 기차는 곧 도착하나요?"

"5시 30분 기차는 이미 30분 전에 갔어요. 아 매슈 씨를 찾는 손님이 있어요. 저기 자갈 밭 위에 앉아 있는 여자 아이에요."

"네? 제가 데리러온 아이는 남자 아이인데요? 스펜서 부인에게 남자 아이를 부탁했더니 노바스코시아에서 데려다주겠다고 했거든요."

"착오가 생긴 거 같은데요? 스펜서 부인은 저 아이와 함께 기차에서 내려 '매슈와 마릴라의 부탁으로 고아원에서 데려온 아이니까 곧 매슈가 데리러 올 거예요'라고 말한 뒤 가버렸거든요."

"대체 어떻게 된 거지……."

"저 아이에게 물어봐요. 어쩜 당신들이 원하는 남자 아이가 없어서 저 아이가 왔을지도 모르잖아요. 사정은 저 아이가 알겠죠."

역장의 말에 매슈는 주춤주춤 여자 아이에게 다가갔다.

열한 살 정도 되어 보이는 아이가 큰 눈을 동그랗게 뜨고 매슈를 바라보았다. 볼품없고 몹시 짧아 갑갑해 보이는 옷을 입고 빛 바랜 해군 모자를 쓴 여자 아이는 유난히 긴 빨간 머리카락을 두 갈래로 늘어뜨리고 있었다. 주근깨

투성이에 큰 눈과 입을 가지고 있지만 자세히 살펴보면 생기 넘치고 야무지고 예쁜 입술과 특별한 영혼의 향기를 느낄 수 있었을 것이다. 하지만

매슈는 지금의 상황에 너무 긴장해서 그런 것을 느낄 수 없었다.

여자 아이가 가까이 다가온 매슈에게 손을 내밀며 밝은 목소리로 말했다.

"초록 지붕의 집에서 오신 매슈 커스버트 씨인가요? 뵙게 되어 정말 기뻐요. 데리러 오지 않으면 어떻게 해야 하나 걱정하던 중이었거든요. 만약 오늘 오시지 않으면 저 모퉁이에 있는 큰 벚꽃나무 위에 올라가 하룻밤 보낼까 생각하고 있었어요. 달빛에 하얗게 빛나는 벚꽃 속에서 자는 것도 멋질 테니까요. 오늘 밤에 안 오시면 내일은 와주실 거라고 생각했거든요."

여자 아이의 작고 마른 손을 살짝 잡은 채 매슈는 어찌할 바를 몰라했다.

'남자 아이가 아니라고 이 아이를 두고 갈 수는 없어. 일단 집으로 데려간 다음 마릴라와 의논해보자.'

"늦어서 미안하구나. 마차는 저쪽 마당에 두었단다. 가방을 다오."

"아니에요. 제가 들게요. 이 안에는 제 전 재산이 들어 있기도

하지만 특별한 방법으로 들지 않으면 손잡이가 빠지거든요. 무겁지도 않으니 제가 드는 것이 나아요. 아저씨가 데리러 와 주셔서 정말 기뻐요. 저 마차를 타는 건가요? 전 마차 타는 것을 좋아해요. 그런데 그보다는 아저씨와 함께 살면서 아저씨의 가족들과 친하게 지낼 수 있다는 것이 가장 좋아요. 저는 가족이라고는 단 한 사람도 없었거든요. 전 고아원이 너무 싫었어요. 스펜서 아주머니는 이런 이야기하면 나쁘다고 했지만 그곳에서는 아무것도 상상할 것이 없어서 그러는 것이고 악의가 있는 것은 아니에요. 그곳 사람들은 모두 좋은 사람들이었거든요."

숨이 차도록 이야기하던 여자 아이가 말을 멈추었다. 마차 앞까지 왔기 때문이다.

두 사람이 탄 마차는 비탈진 언덕을 지나 아름답게 핀 산벚나무와 곧게 뻗은 자작나무 길을 달렸다.

"저는 오늘 아침 고아원을 나설 때 너무 오래 입어서 낡아 빠진 이 옷 때문에 부끄러웠어요. 작년 가을 홉 타운 상점 사람들이 기부한 옷감으로 만들었는데 이 옷을 입고 기차를 탔더니 모두 불쌍하다는 듯이 저를 쳐다봤어요. 그래서 전 상상을 했어요. 우아하고 아름다운 하늘색 비단옷에 하늘하늘한 깃털 장식이 된 모자를 쓰고 손목에는 금시계를 차고 송아지 가죽으로 만든 장갑과 구두를 신은 저를요. 그랬더니 기분이 유쾌해져서 즐거운 마음으로 섬까지 올 수 있었어요. 섬에 오기 위해 배를 탔는데 언제나 뱃멀미를 한다고 하던 스펜서 아주머니가 제가 바다에 떨어지지 않을까 걱정하느라 뱃멀미를 할 틈이 없으셨대요. 어머 저쪽에도 벚꽃이 가득해요. 너무 아름다워요. 이 섬은 꽃으로 가득 차 있는 거 같아요. 전부터 프린스 에드워드 섬이 세계에서 가장 아름다운 곳이라고 들어왔기 때문에 너무 행복해요. 이곳에서 사는 상상을 하고는 했거든요. 그런데 그 상상이 이루어질 줄이야……아, 제가 말이 너무 많지요? 늘 모두에게 그런 말을 들어요. 만약 제 이야기가 듣기 싫으시다면 이야기해주세요. 그만 하라고요. 그래도 전 괜찮아요."

매슈는 이 작은 여자 아이의 이야기를 너무 유쾌하게 듣고 있었고 자신이 그럴 수 있을 거라고는 생각도 못했기 때문에 놀랐다.

"아니다. 하고 싶은 만큼 이야기해도 난 상관없단다."

"어머 정말이세요? 아저씨와는 마음이 맞아서 금방 친해질 수 있을 거 같아요. '어린 아이는 얌전하게 있는 게 좋으니 떠들지 말아라.'라고 말씀하실 줄 알았거든요. 지금까지 몇 번이나 수다스럽고 자주 지나친 표현을 쓴다고 비웃음 당했지만 그래도 멋진 생각이 떠오르면 바로 이야기해야 하거든요."

"그것도 일리가 있는 말이구나."

"아저씨 댁 근처에는 시냇물이 있나요?"

"그래. 바로 집 아래쪽에 있기는 하다만……."

"우와 멋져요. 제 꿈 중에 시냇물 근처에 사는 것이 있거든요. 소원이 이루어지다니 너무 행복해요. 하지만 가끔은 불행하다는 생각도 해요. 이 머리색 좀 보세요. 무슨 색으로 보여요?"

여자 아이가 갑자기 길게 땋아 늘어뜨린 양 갈래 머리 중 하나를 들어올리며 물었다.

"빨간색이 아니냐?"

매슈의 대답에 여자 아이가 슬픈 표정으로 긴 한숨을 내쉬었다.

"그래요. 빨간색이에요. 이게 제가 항상 행복할 수 없는 이유랍니다. 저는 주근깨나 초록색 눈은 신경 쓰지 않을 수 있어요. 장밋빛 피부에 별처럼 반짝이는 짙은 보라색이라고 상상하면 되거든요. 그런데 이 빨간 머리는 아무리 까만 밤 하늘이나 까마귀 털처럼 짙은 검은색이라고 믿으려고 해도 떨쳐버릴 수가 없거든요. 그래서 빨간 머리는 제 생에서 가장 큰 슬픔이에요. 어머? 커스버트 씨."

그때까지 쉴 틈 없이 이야기하던 여자 아이가 모퉁이를 돌아 가로숫길에 접어들자 갑자기 소리쳤다.

양쪽에 커다란 사과나무가 줄지어 눈처럼 새하얀 꽃을 피운 가지들로 긴 터널을 이루고 있는 가로숫길은 좋은 향기들로 뒤덮여 있었다.

길 끝으로는 보랏빛 땅거미와 장밋빛으로 물든 노을이 빛나고 있었다.

여자 아이는 황홀한 표정으로 두 손을 맞잡고 머리 위의 사과 꽃들을 바라보았다.

"앞으로 1.5킬로미터만 더 가면 집이란다. 무척 배고프고 피곤하겠구나."

너무 오랫동안 말이 없는 여자 아이가 걱정이 되어 매슈가 말을 걸자 꿈에서 깬 듯한 표정으로 여자 아이가 속삭였다.

"커스버트 씨 방금 지나온 길 이름이 뭐예요?"

"가로숫길이란다. 참 고운 길이지."

"고운 길…… 그건 저곳의 아름다움을 표현하기에는 적당한 말이 아닌 거 같아요. '기쁨의 하얀 길'이 어떨까요? 시적이고 아주 어울리는 이름 같은데 저는 이제 이 길을 기쁨의 하얀 길이라고 부를래요."

여자 아이가 다시 떠들고 있는 사이 마차는 언덕을 넘어서고 있었다.

언덕 아래쪽으로는 가늘고 길게 펼쳐진 호수가 보였고 호수 주위에는 여러 가지 꽃이 어우러져 피어 있었다. 저녁 안개 사이로 보이는 그 모습은 이 세상의 것이라는 생각이 들지 않을 정도로 매우 아름다웠다.

"저것은 밸리 호수란다."

"그 이름도 어울리지 않아요. 저라면 저 호수는…… 음…… 빛나는 호수라고 할 거예요. 그런데 사람들은 왜 저 호수를 밸리 호수라고 불러요?"

"아마도 호수 옆에 있는 집에 밸리 씨가 살고 있기 때문일 거야."

"밸리 씨 댁에는 제 또래의 여자 아이가 있나요?"

"열한 살 정도 되는 여자 아이가 있어. 이름은 다이애나야."

"어머 멋진 이름이에요."

그 사이 매슈가 모는 마차는 또 하나의 언덕을 넘어가고 있었다.

"이제 초록 지붕의 집에 거의 다 와 간단다. 저기······."

"말하지 마세요. 제가 맞춰볼게요. 제가 찾을 수 있어요."

여자 아이는 천천히 주위를 둘러보더니 숲 뒤에 있는 집 한 채를 가리켰다.

"저 집인 거 같아요. 맞나요?"

"그래. 제대로 맞췄단다. 스펜서 부인에게 이미 들은 거구나."

"아니에요. 하지만 저 집을 본 순간 여기구나 하고 느꼈어요. 마치 꿈을 꾸는 것 같아요. 아침부터 몇 번이나 제 팔을 꼬집었는지 몰라요. 이제 곧 집에 도착하게 되다니······."

여자 아이가 너무 기뻐하는 모습에 매슈는 아무 말도 못하고 한숨을 내쉬었다.

이토록 자신의 집을 원하는 어린 소녀에게 자신들이 원하던 아이는 남자 아이라는 것을 말하는 순간 얼마나 실망할지 생각하니 죄책감이 들었다.

두 사람이 탄 마차는 어느덧 초록 지붕의 집 뒷마당에 들어서고 있었다. 어둠이 짙게 깔린 뒷마당에 마차를 세우고 매슈가 여자 아이를 안아 내려주는데 아이가 그의 귀에 대고 작게 속삭였다.

"나무들이 자면서 작게 소곤거리는 소리를 들어보세요."

기차역에 늦은 매슈

특수상대성이론

　빨간 머리 앤의 첫 장면은 매슈가 앤을 데리러 가는 것으로 시작된다. 매슈는 마차를 타고 브라이트 리버 역에 간다. 하지만 기차는 5시 30분에 온 것이 아니라 30분 전에 떠난 상태였다.
　시간에 맞춰 왔음에도 기차는 왜 30분이나 먼저 도착했던 것일까?
　빨간 머리 앤의 배경이 되었던 19세기 후반의 유럽과 미국의 기차역에서는 이런 일이 빈번히 발생했다고 한다. 뿐만 아니라 지역마다 시간이 틀려 매번 분쟁에 휩쓸리게 되는 일도 적지 않았다.

왜 이런 일이 일어났던 것일까? 정교한 GPS도 빠른 인터넷 통신망도 없었던 시대였으니 당연한 일이었던 것일까?

기차가 약속된 시간보다 빨리 도착하거나 늦게 도착하는 일이 비일비재했던 것은 여러 가지 이유가 있을 것이다. 그렇다고 30분이란 시간차가 이해되는 것은 아니다. 기차가 정시에 도착하지 않고 늦거나 빠르다면 대체 언제 기차를 탈 수 있을지 모르니 정해진 시간보다 더 빨리 도착해 언제 올지 모르는 기차를 기다리고 있어야 한다. 이것은 매우 불합리한 상황을 불러올 수밖에 없다. 그리고 이를 개선하기 위한 노력은 과학사에 있어 핵폭발과도 같은 엄청난 이론을 이끌어 낸 배경이 되었다.

다르게 흐르는 시간과 태양시

시간은 누구에게나 어떤 상황에서나 똑같이 적용된다는 사실을 우리는 잘 알고 있다.

그런데 19세기만 해도 지금과 같은 통일된 시간 체계가 잡혀 있었던 것은 아니다. 스위스 베른이 10시일 때 120km 떨어진 취리히의 시계는 10시 10분을 가리키고 있었다.

베른에서 취리히까지의 거리는 서울역에서 세종정부종합청사 간의 길이에 해당한다. 만약 서울역 시계는 아침 8시인데 세종정부종합청사의 시계는 8시 10분이라면 어떤 일이 벌어질까? 공무원들의 출·퇴근 시간뿐만 아니라 우리나라 행정 전반에 마비가 올지도 모른다.

하지만 다행히도 이것은 지금보다 세상의 속도가 훨씬 느렸던 100년도 전의 일이다.

이런 일은 스위스의 일만이 아니었다. 영국의 브리스톨 지역도 런던보다 10분이 늦었다. 또한 1883년의 미국에서는 지역마다 다른 기준을 가진 50개의 시간이 존재했다.

현대인에게는 상상하기도 어려운 일이 벌어지

고 있었다. 이 당시, 유럽과 미국의 대부분 지역에서는 해가 중천에 떠 있는 정오를 기준으로 각자 지역에 맞는 시간을 설정해 사용하고 있었다. 재미있게도 이 시기, 하루의 시작은 지금과 같은 자정이 아닌, 정오였다고 한다.

당연히 시간을 정하는 기준은 태양이었다. 동쪽에서 떠올라 서쪽으로 지는 태양을 따라 시간을 정하는 것은 너무나 자연스러운 일이었다. 태양의 고도에 의해 정해지는 시간을 의심하는 사람은 없었고 생활에도 큰 불편함이 없었다. 이것을 태양시$^{\text{solar time}}$라고 한다.

태양시는 천구상 태양의 일주운동$^{\text{diurnal motion}}$을 기준으로 만든 시간이다. 일주운동은 지구의 자

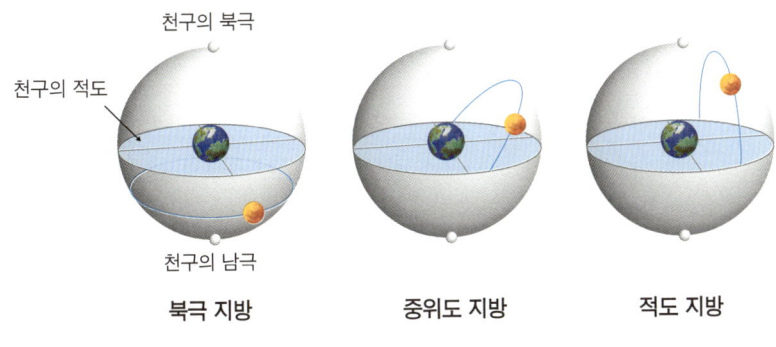

일주운동.

전 때문에 생기는 현상으로, 태양이 동쪽에서 떠서 서쪽으로 지는 것처럼 보이는 것을 말한다.

별들의 일주운동 또한 지구 자전에 의해 생기는 현상이다. 별들은 천구의 북극을 중심으로 동쪽에서 서쪽으로 지구 자전과는 반대인 반시계방향으로 돈다.

태양은 일주운동뿐만 아니라 하루에 1도씩 지구의 공전 방향과 같은 방향인 서쪽에서 동쪽으로 움직여 일 년 후엔 제자리로 돌아오는 연주운동도 한다. 이때 태양이 지나는 길을 황도라고 하며 황도에는 황도 12궁이라는 대표적인 별자리가 있다.

태양의 일주운동과 연주운동은 모두 지구의 자전과 공전에 의해 발생하는 것으로 지구에서 보이는 태양의 운행을 관찰한 것이다. 이것을 태양의 겉보기 운동이라고 한다.

겉보기 운동은 태양과 별들의 실제 운행과는 상관없이 오로지 지구의 자전과 공전을 기준으로 보이는 태양과 별의 움직임을 말한다.

달리는 버스 속에서 창밖을 보았을 때, 가로수

가 빠르게 움직이는 것처럼 보이는 착시현상과 같은 것이다. 실제로 움직이는 것은 나무가 아니라 버스다.

이런 착시현상도 겉보기 운동의 예라고 할 수 있다.

이처럼 태양의 겉보기 운동을 기준으로 만든 시간을 시태양시$^{\text{apparent solar time}}$라고 한다. 시태양시는 각 지역마다 태양의 고도가 남중하는 때를 정오(12시)로 자정을 0시로 잡아 시간을 나눈다.

하지만 시태양시에는 많은 오차가 있었다. 지구가 태양을 공전하는 궤도가 완벽한 원이 아닌, 타원인 관계로 태양과 가까워지는 근일점 시기에는 빨라지고 멀어지는 원일점 시기에는 늦어졌다. 게다가 지구는 23.5° 기울어져 공전을 하기 때문에 태양의 겉보기 운동은 일정치가 않았다.

이것을 보완하기 위해 실제 태양이 아닌, 가상의 태양을 기준으로 시간을 정해 시태양시의 오류를 교정하였는데 이것이 평균태양시$^{\text{mean solar time}}$다.

평균태양시의 태양은 시태양과 춘분점을 동시

에 출발하여 천구의 적도를 등속으로 운행한 다음, 다시 시태양과 함께 춘분점으로 돌아오는 궤도를 돌고 있다고 상상한 가상의 태양이다.

보다 정확한 시간을 구하기 위해서는 시태양시에서 평균태양시를 뺀 균시차$^{\text{equation of time}}$를 계산해야 한다.

일 년 중 균시차가 극대값과 극소값을 갖는 시기가 있다. 11월 3일경의 시태양은 평균태양보다 약 16분 정도가 빠른 극대값을 가지며 2월 11일경에는 약 14분 정도가 느린 극소값을 가진다.

증기기관에서 시작된 시간의 통일

절대 시간의 개념은 과학적으로도 오류가 없어 보였다. 그 당시 지배적이던 뉴턴역학(고전역학) 또한 시간과 공간은 서로 다른 영역이고 변하지 않는 절대적인 개념이라고 말하고 있었다.

그러나 이것은 유럽과 미국의 교통과 통신이 급속하게 발전하기 전까지 일이며 바다를 건너 아시아와 아프리카에까지 그들의 군사력을 확장하기 전까지의 일이다.

또한 250년 가까이 절대 법칙처럼 여겨지던 뉴턴역학을 뒤집은 특수상대성이론이 등장하기 전의 일이었다.

과학기술의 발달은 놀랄만한 사회적 변화를 불러온다. 19세기 후반과 20세기 초반에 걸쳐 유럽과 미국은 제국주의 사상 아래 영토 확장에 열을 올리던 시기였다.

유럽과 미국 본토뿐만 아니라 전 세계로 물자를 실어 나르기 위해 항해술이 발달하고 유럽 전역과 미국에는 철도가 뻗어 나가기 시작했다. 이와 함께 등장한 전신기술은 유럽과 미국 사회를 빠른 속도로 연결하기 시작했다.

이 모든 것의 시작은 증기기관이었다. 18세기 영국에서 증기기관이 발명되면서 유럽 전역에 산업혁명이 일어났다.

증기기관의 발달은 19세기에 접어들면서 철도와 증기선의 시대를 열었다. 1830년 영국 최초의 상업철도인 리버풀-멘체스터 노선이 개통되면서 1840년 이후 철도는 영국뿐만 아니라 전 세계

증기기관의 발명은 19세기 철도산업의 초석이 되었다.

로 빠르게 퍼져나갔다.

최초의 대서양 횡단을 성공한 증기선은 1838년. 영국의 로버트 멘지 사$^{Robert\ Menzies\ \&\ Sons}$에서 제작한 시리우스^{Sirius}호와 이점바드 킹덤 브루넬$^{Isambard\ Kingdom\ Brunel}$이 설계한 그레이트 웨스턴$^{Great\ Western}$ 호다.

이어 1844년에는 미국인 화가이자 발명가인 새뮤얼 모스가 모스부호를 이용한 전신기를 개통하게 된다.

모스부호는 매우 독창적인 통신 수단이었으며, 그 덕분에 유럽과 미국을 비롯한 전 세계는 아주 빠른 속도로 연결되고 있었다.

마차를 사용하던 시절의 물자는 예기치 못한 다양한 변수로, 약속시간을 지키지 못하는 경우가 흔했다. 기차와 철도가 보급되기 전 약속시간은 그저 참고사항 정도였을 뿐이다.

기차가 바꿔놓은 일상 중 최고의 발명품은 '출근 시간'이었다. 비가 오나 눈이 오나 정확하게 출발하고 도착하는 기차는 일상 속에서 잊고 지냈던 시간이라는 개념을 상기시켜 주었다. 이로 인해 서구 사회 전반이 촘촘히 짜인 시간 속으로 빈틈없이 정비되고 있었다.

해상에서도 변화는 시작되었다. 바람이 있어야 움직이는 범선은 무풍지대에서는 꼼짝도 할 수 없어 바람이 이는 지역에 이를 때까지 속수무책이었다.

하지만 증기기관을 장착한 증기선은 바람과 상관없이 제시간에 물자를 나를 수 있게 되었다. 엄청난 수의 사람들이 증기선을 타고 여행을 하며 나라와 나라를 이동하기 시작했고 생활반경은 작은 시골 동네에서 전 세계로 넓어지기 시작했다.

증기선은 19세기 물자수송에 혁명을 일으켰다.

 기차와 철도, 증기선과 전신기술은 19세기 후반 유럽과 미국의 급속한 발전을 가져다주는 원동력이 되었다.

 이런 변화들로 인해, 작은 지역의 시간은 더 넓은 세계의 시간과 충돌하기 시작했다. 이제 많은 과학자와 발명가들은 지역 간의 시간차를 어떻게 통일시켜야 하는지 그 문제를 해결하기 위한 방법을 찾아내야만 했다.

 이 모든 일들은 과학기술의 발전이 삶의 공간을 빠르게 확장시키면서 발생한 문제였다. 이제 유럽인들에게 시간은 절대적인 개념이 아닌, 서로 협의를 통해 조절해야 하는 상대적 개념이 되어버렸다.

본초자오선과 세계표준시

지구상에서 위치를 나타내는 기준은 위도^{latitude} 와 경도^{longitude}다. 이 중에서 시간을 구분하는데 영향을 미치는 좌표는 경도다.

지도상에서 y축에 해당하는 위치 좌표와 시간의 시작점이 되는 경도 0°의 기준선은 영국 왕립 그리니치 천문대의 본초자오선$^{\text{prime meridian}}$이다.

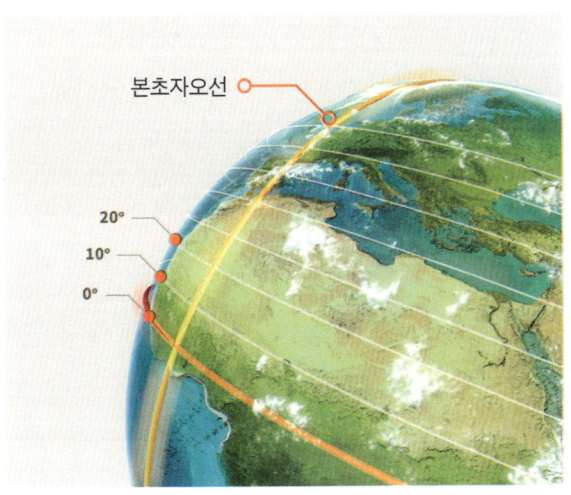

자오선^{meridian}은 지구의 남극과 북극을 이어 만든 가상의 선으로 어느 지역에서나 그릴 수 있었다.

1884년 이전에는 각 국가별로 자신들의 수도를 기준으로 정한 자오선을 기준으로 시간을 정했다. 제각각인 자오선을 기준으로 정한 시간은 세계가 빠르게 연결되면서 큰 혼란을 가져오게 되었다.

1884년은 지구 시간 시스템을 만드는 과정에 있어 아주 중요한 해였다. 바로 이 자오선이 하나로 통일된 해이기 때문이다.

세계 시간의 기준이 되는 본초자오선을 자국으로 가져오려는 국가 간의 경쟁은 치열했지만, 결국 이 싸움의 승자는 영국으로 돌아갔다.

1884년 워싱턴에서 열린 국제자오선회의 International Meridian Conference에서는 출석국 25개국 중 22개국의 찬성으로 영국 그리니치 왕립천문대를 지나는 자오선을 본초자오선으로 채택하게 되었다.

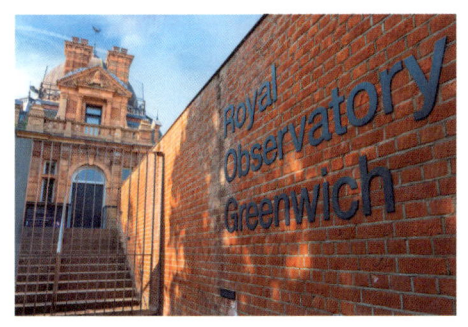

그리니치 천문대.

이후로 각 국가마다 달랐던 자오선은 사라져갔고 그리니치 천문대를 지나는 자오선이 세계 시간과 위치 좌표의 기준점이 되었다.

본초자오선이 결정된 것은 지구 역사상 아주 중요한 사건이었다. 제각각이었던 시간의 기준점이 생긴 것이며 항해를 하는 선박들의 위치를 정확히 알 수 있는 기준점이 생긴 것이기 때문이다. 본초자오선이 확정되면서 시간의 통일을 위한 작업도 시작되었다.

1925년, 국제천문연합에서는 정오^{正午}를 0시로 하여 시간을 쟀던 천문학용 평균태양시인 그리니치시와 자정을 0시로 하여 시간을 재는 그리니치상용시^{GCT}를 일치시켜 세계시$^{Universal\ Time,\ UT}$를 만들게 되었다. 그리니치 천문대의 본초자오선을 기준으로 하는 세계시는 다른 국가들의 시간을 정하는 기준이 되었다.

지구는 360°이다. 지구가 자전을 하는 시간은

24시간으로 이것을 계산해 보면 $360° \div 24 = 15°$ 가 된다. 지구는 1시간에 $15°$씩 움직이는 것이다.

그래서 본초자오선을 기준으로 $15°$씩 지구를 나누면 총 24개의 자오선을 그을 수 있다. 이 24개의 자오선이 각 나라마다 시간을 정하는 지방시가 된다.

지방시와 동경.

지방시는 본초자오선을 기준으로 경도 $15°$ 간격으로 1시간씩 차이가 난다. 본초자오선의 동쪽은 동경이라 부르며 1시간씩 빨라지고 서쪽은 서경이라 하고 1시간씩 늦어진다.

우리나라는 동경 약 $124°~132°$ 사이에 위치하고 있어 동경 $135°$에 해당하는 지방시를 기준으로 하는 표준시를 쓰고 있다.

표준시는 기준이 되는 지방시를 채택하여 일정 범위 내의 지역 안에서 공통의 시간으로 삼아 사용하는 시간을 말한다.

예를 들어, 우리나라는 위치상 동경 135°보다 동경 120°에 살짝 더 가깝지만, 일제강점기 정해진 정치적 의도에 의해 동경 135° 기준의 지방시를 기준으로 전국의 시간을 통일하는 표준시로 사용하고 있다.

엄밀히 말해 우리나라 내에서도 독도와 인천은 일출 시간에 차이가 있다. 세밀하게 시간을 나누자면 같은 나라 내에서도 시간상 차이를 보일 수 있기 때문에 기준이 되는 지방시를 결정하여 전국을 같은 시간대로 정하게 된 것이다.

우리나라와 같이 남북이 긴 지형을 가진 나라는 크게 문제가 되지 않을 수도 있으나 미국, 캐나다, 러시아처럼 동서로 긴 나라들은 표준시를 정하는데 있어 각기 다른 동경에 해당하는 지방시를 사용하게 된다.

현재는 과학의 발달로 더 정교한 시간을 사용

할 수 있게 되었다. 1972년 1월 1일부터 세계 공용으로 사용되고 있는 시간은 협정세계시^{UTC} 이다.

1967년 국제도량형총회에서는 세슘원자의 진동수를 기준으로 하는 원자초를 사용하여 국제사회 모두가 사용할 수 있는 정교한 과학적 표준시간을 정했다.

대부분의 국가가 과학적 표준시를 따르고 있다.

날짜변경선

본초자오선을 기준으로 동쪽은 '동경(E)', 서쪽은 '서경(W)'으로 표기했다. 동경과 서경은 각각 180°까지 있으며 동경 180°와 서경 180°가 서로 만나는 지점이 날짜변경선이다.

날짜변경선은 지도상에 그려 넣은 가상의 선이지만, 재미있게도 직선이 아닌 들쭉날쭉 그려져 있다. 날짜변경선이 이렇게 된 이유는 그리니치 천문대의 정반대 편에 있는 태평양상의 일부 국가가 날짜변경선 안에 들어가 있기 때문이다.

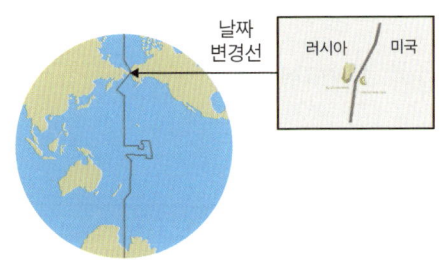

　이렇게 되면 한 국가 내에서도 날짜변경선을 중심으로 동쪽과 서쪽의 날짜가 달라지는 웃지 못할 일이 벌어질 수 있다.

　예를 들어, 날짜변경선이 우리나라의 대전을 중심으로 남북방향으로 관통한다고 생각해보자. 이때, 우리나라 최동단의 섬 독도가 1월 8일이면 최서단의 섬인 격렬비열도는 1월 9일이 된다.

　만약 1월 8일 오후 1시에 독도를 출발하여 10시간 만에 격렬비열도에 도착한 여행자가 있다면, 그는 놀라운 일을 겪게 될 것이다. 날짜변경선 기준, 동쪽에서 날짜변경선을 넘어 서쪽으로 가면 하루를 더해줘야 하기 때문이다. 이때 격렬비열도는 1월 9일 오후 1시가 된다. 이 여행자는 10시간 만에 하루가 지나버린 셈이 되는 것이다.

반대로 여행을 마치고 1월 10일에 격렬비열도에서 다시 독도로 출발한 여행자는 10시간 만에 1월 9일로 돌아가게 된다. 타임머신을 타고 과거로 돌아간 것처럼 말이다.

베른의 기차역에서 특수상대성이론으로

우리는 언제부터 1분 단위까지 오차를 내지 않는 정확한 시간에 지하철을 탈 수 있게 되었을까? 우리에게 너무나 평범하고 당연한 이 일이, 수많은 과학자들의 연구와 기술자들의 노력으로 이루어졌다는 것을 알게 되면 새삼 세상 모든 일들이 단 한 사람의 능력이 아닌 유기적으로 연결되어 발전한다는 것을 느낀다.

본초자오선을 기준으로 동기화된 세계의 시간은 사회적인 변화뿐만 아니라 과학사에도 큰 영향을 미쳤다. 이제, 시간은 언제든지 협의를 통해 변경 가능한 약속일 뿐이었다.

1905년은 과학사에 있어 기적의 해$^{\text{miracle year}}$ 중 하나로 꼽힌다. 바로 특수상대성이론이 발표된 해이기 때문이다.

특수상대성이론은 아인슈타인의 독창적인 상상력과 생활의 불편함을 해결하려는 노력에서 출발했다.

25세의 젊은 아인슈타인은 스위스 베른의 특허청에서 3급 심사관으로 일하고 있었다. 그가 주로 다루던 문제들은 다름 아닌,

이탈리아의 아인슈타인 기념 우표.

유럽 전역에 퍼져 있는 기차역 간의 시간을 어떤 방법으로 동기화할 수 있는가에 대한 특허 심사들이었다.

이 시기 유럽은 가장 빠른 통신 수단인 전신기를 이용해 기차역 간의 정보를 주고받았다.

그런데 여기에도 문제가 하나 있었다. 신호를 보내는 중심역으로부터 거리가 멀면 멀수록 신호가 늦게 도착하는 현상이 발생한 것이다. 이런

현상은 시간을 일치시키는 데, 매우 큰 문제거리였다.

기차역 간의 시간을 동기화하는 작업은 철도산업의 성패를 가름하는 중요한 일이었고 이 문제에 관한 특허는 아인슈타인이 근무하던 특허청으로 쏟아져 들어왔다.

어린 소녀 앤을 30분간이나 기다리게 만들었던 기차 시간이 한 천재 과학자를 시간과 공간에 대한 깊은 고찰의 세계로 안내한 것일지도 모른다.

갈릴레이의 상대성이론 ─ 속도는 상대적이다

과학사에서 상대성이라는 용어를 처음 사용한 사람은 갈릴레오 갈릴레이$^{Galileo\ Galilei}$였다.

1663년 갈릴레이는 외부에서 어떤 힘도 받지 않고 등속으로 움직일 때 자신의 운동을 알 수 있는 방법은 상대의 움직임이라고 설명했다.

예를 들어, 시속 120km/h인 등속으로 달리는 기차를 탄 영수와 이것을 기차 밖에서 정지한 채 바라보고 있는 영희 그리고 영수가 탄 기차의 반대편에서 60km/h의 등속으로 자동차를 타고 달려오는 철수가 있다고 가정해보자.

이때 영희의 입장에서 바라 본 영수와 철수의 속도는 왼쪽에서 오른쪽 방향으로 120km/h(영수)와 오른쪽에서 왼쪽 방향으로 60km/h(철수)다.

철수의 입장에서 보면 어떨까? 철수가 바라보는 영수의 속도는 120km/h(기차속도)+60km/s(자신의 속도)=180km/s로 느껴진다.

이번엔 영수는 어떨까? 영수가 바라본 영희는 정지해 있지만 120km/h(기차속도)로 뒤로 멀어져 간다고 느낀다.

이렇게 관찰자의 운동에 따라 상대방의 속도가 달라지는 것을 상대속도라 하며, 이것이 갈릴레이의 상대성이론이다. 갈릴레이의 상대성이론에서 말하는 상대속도는 관찰자라는 기준점이 반드시 존재해야 한다.

영수라는 기준에서 본 영희와 철수의 속도, 철수라는 기준에서 본 영희와 영수의 속도, 영희의 기준에서 본 철수와 영수의 속도는 각각 다르게 느껴진다.

우리가 속도라는 것을 알아챌 수 있는 이유는 나와 비교할 수 있는 상대방의 움직임이 있어야 가늠할 수 있다는 것이다.

여기에서 주목할 것은 상대방의 속도는 어디까지나 관찰자의 운동에 따라 다르게 보이는 것일 뿐, 실제적인 속도가 변한다는 의미는 아니다.

철수가 영수를 보았을 때 영수의 속도가 180km/h로 다가오는 것처럼 보이는 것일 뿐, 실제 영수의 속도가 180km/s로 변한 것은 아니다. 기차 안에 있는 영수가 느끼는 속도는 120km/h이다.

또한 영수 입장에서 밖에 정지하고 있는 영희를 본다면, 영희가 120km/h의 속도로 뒤쪽으로 움직이는 것처럼 보인다.

하지만 움직이는 것은 영수이지 영희가 아니다. 영희의 실제 속도는 0이다. 만약, 영희가 영수와 같은 속도로 비행기를 타고 간다면 영수가 느끼는 영희의 속도는 0이다. 자신과 같은 속도로 움직이고 있는 물체는 정지해 있는 것이나 마찬가지이기 때문이다.

그러나 이때 영희의 실제 속도는 120km/h이다.

다시 말해, 상대속도에는 관찰자라는 기준이 존재해야 한다. 관찰자라는 기준에 따라 상대방의 속도가 달라진 것처럼 보이는 것일 뿐, 영희와 철수, 영수라는 각자의 관성계에서 본 속도＝거리/시간이라는 물리법칙은 똑같이 작용한다.

갈릴레이의 상대성이론은 속도의 관점에서 본

속도는 상대적이다.

이론으로 약 300년 후 아인슈타인에 의해 재해석된다.

에테르와 광속불변의 법칙

아인슈타인은 시간과 공간의 관계를 특수상대성이론^{Special theory of relativity}을 통해 설명했다. 특수상대성이론은 일정한 속도로 등속직선운동을 하는 관성계에서만 적용되는 법칙을 말하는 것이다. 관성계라는 특수한 공간에서만 성립된다는 의미에서 '특수상대성'이라는 이름이 붙게 되었다. 이것이 일반상대성이론과 구분되는 점이기도 하다.

관성계^{inertial system}는 정지해 있는 물체는 계속 정지해 있으려 하고 움직이는 물체는 계속 움직이려고 하는 뉴턴의 제1운동법칙이 성립되는 공간을 말한다. 일정한 속도로 등속직선운동을 하거나 정지해 있는 물체는 관성계에 속한다.

만약 여기에 등속으로 달리고 있는 영수와 정지해 있는 영희가 있다면, 두 개의 관성계가 존재하는 것이라고 생각할 수 있다.

200년간 물리학을 지배하고 있던 뉴턴역학 Newtonian mechanics에서는 하나의 관성계에서 적용된 물리법칙이 다른 관성계에 적용될 때도 같아야 한다고 생각했다.

다시 말해, 정지해 있는 영희에게 적용된 물리법칙은 기차를 타고 빠르게 움직이는 영수에게도 똑같이 적용된다는 의미다.

하지만 모든 만물의 법칙처럼 여겨졌던 뉴턴역학은 19세기 후반에 접어 들면서 큰 난제에 부딪히게 된다. 맥스웰의 전자기학에서 다루는 전자기력은 뉴턴역학에서 다루는 힘의 원리로는 설명되지 않았기 때문이다.

고전역학에서 두 개의 축이었던 전자기학과 뉴턴역학은 서로 다른 법칙으로 굴러가고 있는 국가와 같았다. 전기와 자기의 힘은 더 이상 둘이 아닌, 하나의 힘이라는 것을 정립하게 된 전자기학과 만물의 운동을 설명하는 뉴턴역학은 빛에 대해서 완전히 다른 노선을 걷고 있었다.

갈릴레이의 상대성이론을 기초로 하는 뉴턴역

학에 따르면 시간과 공간은 절대적이고 서로 연관이 없이 독립적으로 존재하며, 어떤 운동이든 시간과 공간에 영향을 주지 못한다고 설명했다. 또한 물체의 운동은 정확히 예측될 수 있으며 한 관성계에 적용되는 물리법칙은 다른 관성계에도 똑같이 적용된다고 생각했다.

이것은 갈릴레이의 상대성이론을 말하는 것이었으나 빛의 속도만은 예외였다. 빛의 속도는 갈릴레이의 상대성원리가 성립하지 않았다. 빛은 기준이 되는 관찰자의 운동에 상관없이 항상 일정한 속도를 가졌기 때문이다.

고전역학자들은 빛이 갈릴레이의 상대성이론에 맞게 관찰자에 따라서 달라지는 상대속도가 아닌, 관찰자의 운동에 상관없이 일정한 속도를 갖는 절대속도라는 것을 알았다.

이렇게 절대속도를 갖기 위해서는 우주의 중심 어딘가에 광속의 기준이 있을 것이라고 생각했다.

또한 빛은 파동이기에, 소리를 전달해주는 매질인 공기처럼 빛을 전달해주는 매질이 있어야한다고 믿었다. 바로 그 매질이 빛의 절대속도의 기준이며 그것을 에테르^{ether}라고 불렀다.

이후, 고전역학자들은 에테르를 찾기 위한 수많은 노력을 기울이게 된다. 에테르의 존재여부가 빛의 속성을 밝힐 수 있는 중요한 단서라고 생각했기 때문이다.

1864년, 맥스웰은 전기와 자기의 힘은 같은 현상임을 수학적으로 정리한 맥스웰 방정식$^{Maxwell's\ equations}$을 발표했다. 맥스웰은 이 방정식을 통해 빛이 전기장이 자기장을 발생시키고 자기장이 전기장을 발생시키면서 서로 교차로 진동하며 앞으로 나아가는 전자기파라는 것을 밝혀내게 된다.

또한 전자기파의 속도를 계산하던 중에 맥스웰은 전자기파의 속도가 진공에서 약 30만km/s인 상수(값이 변하지 않는 수)값을 갖는다는 사실을 알게 된다. 전자기파의 속도가 빛의 속도와 일치하였으며 곧 빛의 속도는 상대적인 것이 아닌, 절대속도를 가지고 있다는 의미이기도 했다.

맥스웰도 빛이, 매질인 에테르를 통해 퍼져나가는 파동이라고 생각했다. 재미있게도 맥스웰은 에테르가 있다는 가정 아래서 전기장과 자기장을 통합한 전자기학의 초석을 닦았으며 결국, 광학과 전자기학의 통합까지도 이끌어 내게 된다. 맥스웰의 전자기학은 훗날, 특수상대성이론에 지대한 영향을 미치게 된다.

1887년, 물리학자인 마이켈슨과 몰리는 에테르를 찾기 위한 매우 정교하고 긴 실험에 들어간다. 이 실험은 완전한 실패로 끝을 맺지만, 과학사 최고의 위대한 실패로 남게 되었다.

실험 결과는 실패였으나 에테르의 존재를 확신할 만한 근거가 없음을 명확히 할 수 있었고 광속은 절대 변하지 않는다는 것을 다시 한 번 확인할 수 있는 실험이었기 때문이다. 이것이 광속불변의 원리다.

19세기에 펼쳐진 이 모든 과학사의 과정은 유기적으로 연결되어 다음으로 이어진다. 수많은 선대 과학자들의 열정과 노력들이 모여 20세기 초반, 우주를 설명하는 두 가지의 큰 패러다임인 뉴턴역학과 전자기학은 아인슈타인에 의해 통합되게 된다.

특수상대성이론 — 시간 팽창과 공간 수축

20세기 과학자들에게 뉴튼 역학은 전자기학에서만은 성립되지 않는 것 같았다.

그러나 기적의 해였던 1905년, 이 두 개의 힘은 젊은 천재 아인슈타인에 의해서 극적으로 통일되었다.

아인슈타인은 특수상대성이론$^{Special\ theory\ of\ relativity}$의 전제로 광속불변의 법칙과 갈릴레이의 상대성이론을 모두 수용했다. 마이켈슨-몰리 실험의 결과로 에테르의 존재 또한 배제하게 되었다.-아인슈타인이 마이켈슨-몰리 실험을 알고 있었는지는 명확하지 않다고 한다.

엄밀히 말하자면, 아인슈타인은 갈릴레이로부터 기초한 뉴턴역학을 더 정교하게 만들었으며 전자기학과의 통합을 통해 지구뿐만이 아닌, 저 넓은 우주에까지 통용되는 힘의 원리로 확장한 것이다.

아인슈타인은 생각했다.

'모든 관성계에서 빛의 속도(진공상태의 빛)가 일정하다면 무엇이 변하는 것일까?'

여기서 아인슈타인의 천재적인 상상력이 빛을 발한다. 그것은 바로 속도가 일정하다면 시간과 거리(공간)가 변한다는 생각이다. 이런 생각은 매우 독창적이고도 일반인들은 상상할 수조차 없는 획기적인 아이디어였다.

특수상대성이론을 통해 아인슈타인이 말하는 시간과 공간의 변화는 '시간 팽창'과 '공간 수축' 현상을 말한다. 이것을 믿을 수 있겠는가? 경험적으로 우리 생활에서 시간이 다르게 흐르고 내 주변을 감싸고 있는 공간이 줄어든다는 만화 같은 상상을 말이다.

아인슈타인도 처음부터 실험을 통해 이것을 증명한 것은 아니다. 정말 만화 같은 상상력에서 출발했지만 아인슈타인이 우리와 달랐던 것은 이것을 수학으로 증명해냈으며 후대에 수많은 실험과 관측을 통해 증명되었다는 것이다.

특수상대성이론에서 말하는 시간 팽창과 공간 수축에 대한 원리는 다음과 같다.

여기에 영수가 탄 우주선이 있다. 이 우주선 아래는 레이저 빛을 발사하는 장치가 있고 천장에는 그 레이저 빛을 그대로 반사하여 발사지점으로 되돌리는 반사판이 있다.

영수의 우주선이 출발하자 레이저 빛을 발사하여 빛의 거리를 측정한다.

이때 우주선 밖 지구에서 정지해 있는 영희가 우주선에 탄 영수가 쏘아 올린 레이저 빛을 본다고 가정해보자. 과연 이 둘이 관찰한 빛의 거리는 같을까?

여기에는 복잡한 수학의 계산식을 사용하지 않고도 우리들의 경험에 의한 간단한 사고실험(상상으로 하는 실험)으로도 알 수 있다.

영수는 우주선에 타고 있기 때문에 자신의 관성계에서는 빛이 위, 아래 직선운동을 한다. 레이저 빛이 두 번 왕복했을 때 4초가 걸렸다고 가정하자.

이번에 영희의 입장에서 본 영수의 레이저 빛의 길이를 생각해보자. 영수의 우주선은 움직이고 있다. 그렇기 때문에 영수의 우주선 안에서는 직선으로 가는 빛의 길이가 대각선을 그리며 움직이는 것처럼 보인다.

우리는 굳이 거리를 재보지 않아도 직선보다 대각선이 더 길다는 것을 안다. 영희가 보는 우주선 안에 빛의 길이가 더 늘어난 것이다.

그런데 여기에서 광속이 불변이라는 생각을 잊어서는 안 된다.

관성계의 속도와 상관없이 빛의 속도는 일정하다.

왜 광속이 불변인 이유가 특수상대성이론에서 중요한 것인지를 알게 될 것이다.

속도는 거리/시간이다. 직선으로 움직이는 영수의 레이저 빛이 4초간 120km/s를 움직였다고 가정해보고 대각선으로 움직이는 영희의 레이저 빛이 영수의 거리보다는 더 멀리 갔기 때문에 대략 150km/s라고 해보자.

이때 다음과 같이 계산할 수 있다.

영수 : 30(빛의 속도) = 120/4초

영희 : 30(빛의 속도) = 150/5초

영희의 입장에서 영수가 탄 우주선의 레이저 빛이 1초 더 걸린 것같이 느껴지는 것이다.

이것이 특수상대성이론에서 말하는 '시간 팽창'이다. 정지해 있는 사람이 보았을 때 움직이는 물체가 시간이 더 느리게 가는 것처럼 느껴지는 현상이다.

하지만 여기서 오해를 해서는 안 된다. 실제 영수의 시간이 5초가 된 것이 아닌, 영희가 느낄 때 그렇게 느낀다는 것이다. 이것은 아인슈타인이 왜 갈릴레이의 상대성원리를 인정했는지를 알 수 있다.

아인슈타인은 관성좌표계 간의 좌표변환인 로렌츠 변환$^{Lorentz\ transformation}$을 통해 이것을 증명했다.

이 증명은 빛이 절대속도를 가지고 있지만 한 관성계(우주선을 탄 영수)에서 성립하는 물리법칙이 다른 (지구에 있는 영희) 관성계로 변환되었을 때도 똑같이 적용된다는 것에는 변함이 없다는 것을 증명한 셈이다.

나보다 빠르게 움직이는 사람의 시간이 더 천천히 흐른다는 생각이 믿어지는가?- 물론 이것은 빛의 속도에 근접하게 움직일 때 이야기다.

아인슈타인의 놀라운 통찰력은 어려운 수학과 과학의 이론을 들지 않아도 우리의 생활 속에서 쉽게 찾아볼 수 있다.

대표적인 것이 인공위성의 GPS 시간이다. 지구의 자전속도는 약 1700km/h로 초당 약 470m의 속도로 움직인다. 이것은 눈 깜짝할 사이에 470m를 움직이는 우주선을 탄 것과 같다.

하지만 지구를 도는 인공위성은 약 3300km/h로 지구의 자전 속도보다 더 빠르게 움직이고 있다. 지구에서 볼 때 인공위성의 속도가 자전 속도보다 더 빨리 움직이고 있는 것이다.

지구보다 속도가 빠른 인공위성은 특수상대성이론에 근거에 시간 팽창 효과가 일어난다. 반대로 인공위성에서 본 지구는 속도가 더 느리기 때문에 오히려 시간이 더 빠르게 흐르는 것처럼 느껴진다.

그래서 인공위성의 GPS 시계는 일정한 간격으로 지구보다 0.0000000000445초 늦도록 조정해야만 한다. 그렇지 않으면 10km 이상의 오차가 발생할 수 있기 때문이다.

아인슈타인의 특수상대성이론에서는 시간 팽창 현상과 더불어 공간 수축 현상에 대해서도 말하고 있다.

공간 수축 현상은 빛의 속도에 가깝게 날아가는 물체의 길이가 물체의 진행방향으로 수축한 것처럼 보이는 현상을 말한다. 믿기 어렵겠지만, 공간이 줄어드는 것처럼 보이는 현상이다.

공간 수축을 이해하기 위해서는 시간 팽창을 잘 이해해야 한다. 이 두 개념은 서로 연결되어 있기 때문이다.

여기에 지구에서 알파행성을 향해 등속운동을 하는 우주선을 타고 가는 철수가 있다고 가정해보자. 이 우주선에는 알파별을 향하는 수평방향으로 레이저를 발사하는 장치와 반대편에는 그것을 반사해주는 장치가 있다.

철수의 우주선은 초당 5만km를 움직인다. 우주선 안에 있는 철수가 레이저를 발사해 우주선 끝에 다다른 빛이 반사되어 다시 돌아오는 길이를 재보니 100m였다. 이것은 철수가 잰 우주선의 고유길이다.

이때 정지해 있는 지구에서 영수가 우주선의 레이저 빛을 자신이 가지고 있던 자로 길이를 잰다고 가정해보자(어디까지 가정이다).

영수는 철수가 잰 100m보다 더 짧은 80m로 느끼게 될 것이다. 이유는 간단하다. 철수가 탄 우주선의 왼쪽에서 나간 레이저가 우주선의 오른쪽 반사판에 닿아 다시 발사 장치로 돌아올 때 우주선은 오른쪽 방향으로 움직여 빛이 더 빨리 발사 장치에 닿은 것처럼 보이기 때문이다.

이때 영수가 본 레이저 빛은 길이가 수축되어 보인다.

아인슈타인은 공간을 시간과 별개로 보지 않고 같은 시공간의 개념으로 생각했다. 시간과 공간은 절대적인 것이 아닌, 관찰자의 운동 상태에 따라 얼마든지 변할 수 있다는 것이 특수상대성이론이다.

이 모든 일들은 빛의 속도가 일정하다는 발견에서 시작된 것이다.

빛의 속도는 일정하다. 시공간에서는 빛의 속도를 일정하게 유지하기 위해서 시간 팽창뿐만 아니라 공간 수축이 일어날 수도 있다는 것을 특수상대성이론은 말하고 있다.

정말 이런 일이 발생하고 있을까? 아인슈타인의 특수상대성이론을 대표하는 시간 지연과 공간 수축에 대한 증거 중 하나로 뮤온입자를 들 수 있다.

스위스의 스핑크스 관측소는 우주에서 지구로 떨어지는 뮤온입자를 관측한다. 태양에서 날아온 복사에너지가 지구 대기권과 부딪히면 뮤온입자가 만들어진다.

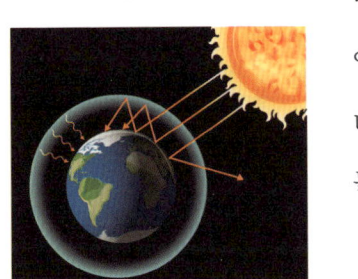

태양 복사에너지.

뮤온의 수명은 고작 100만 분의 2초로 대기권에 진입하자마자 660m를 날아가서 사라져 버린다.

그런데 지구에서 뮤온입자를 관찰하면 자그마치 32km를 날아가는 것이다. 어떻게 된 일일까?

신기하게도 지구 대기권에서 금방 사라져야 할 뮤온입자는 지표면에서도 발견된다.

이것은 빛의 약 99%에 해당하는 속력으로 떨어지는 뮤온입자에 어마어마한 시간 지연과 공간 수축이 일어나기 때문이다.

빛의 속도는 유한하면서 절대적인 것이다. 이 단 한 문장으로 정리되는 공리 하나로 물리학은 엄청난 변혁을 맞이했다.

빛은 지금도 한결같다. 변하는 건 시간과 공간이다.

아인슈타인의 특수상대성이론은 많은 과학자와 기술자들에게 시간은 상대적이고 인위적으로 조작할 수 있다는 생각을 불러일으켜 주었다. 이런 과학의 기나긴 여정과 기술의 발전으로 지구에는 표준시간이 등장했고 오늘도 우리는 단 1초의 오차가 없는 내비게이션과 지하철을 이용하며 살아간다. 지구라는 우주선을 타고 우리를 중심으로 펼쳐진 시간과 공간 좌표를 여행하면서 말이다.

마릴라 커스버트, 놀라다

매슈가 문을 여는 소리를 들은 마릴라가 서둘러 나왔다. 그런데 매슈는 남자 아이가 아니라 빨간 머리의 여자 아이와 함께였다.

"매슈 오빠, 어떻게 된 일이에요? 얜 여자 아이잖아요."

"역에 가 보니 이 아이만 있더구나."

"어떻게 된 일이죠? 분명히 스펜서 부인에게 남자 아이를 데려다 달라고 했는데요?"

"역장님께 물어보니 스펜서 부인이 이 아이만 데리고 왔다더구

나. 어떤 착오가 있었는지 모르겠지만 이 아이를 역에 그대로 두고 올 수는 없었단다."

마릴라와 매슈의 이야기를 듣고 있던 여자 아이가 전 재산이 들어 있다던 가방을 떨어뜨리더니 두 손을 마주잡고 울먹였다.

"저를 원했던 것이 아니었군요. 제가 남자 아이가 아니니까…… 역시 그렇군요. 지금까지 절 원했던 사람이 아무도 없었어요. 이제 저는 어쩌면 좋죠?"

여자 아이가 기운을 잃고 무너지듯 의자에 주저앉아 테이블에 엎드리더니 와락 울음을 터뜨렸다.

매슈와 마릴라는 그 모습에 어쩔 줄 몰라하다가 마릴라가 가까스로 물었다.

"얘야 그렇다고 그렇게 울 것까지는 아니란다."

"아주머니가 고아고 가족이 생길 것이라는 희망을 가지고 앞으로 살 집에 왔는데 그 집에서 필요로 하던 아이가 아니란 사실을 알게 되었다면 어떨까요? 아마 아주머니도 틀림없이 우셨을 거예요."

여자 아이의 말에 굳었던 마릴라의 표정이 부드러워지면서 입가에 미소가 떠올랐다.

"자 그만 울렴. 오늘 너를 내쫓지는 않을 거니까. 그런데 네 이름은 뭐니?"

"저…… 저를 코딜리아라고 불러 주시면 안 될까요?"

"코딜리아라고 불러달라고? 그게 네 이름이니?"

"아뇨. 제 본명은 아니지만 코딜리아라고 불러줬으면 해요. 굉장히 우아하고 아름다운 이름이잖아요."

"네가 무슨 말을 하는 건지 도통 모르겠구나. 네 진짜 이름은 뭐지?"

잠시 망설이던 여자 아이는 마지못해 대답했다.

"앤 셜리예요. 그렇지만 제발 절 코딜리아라고 불러주세요. 이곳에 잠시 있을 뿐이니 상관없잖아요? 앤이란 이름은 너무 흔해요."

"흔한 이름이라고? 하지만 앤이야말로 얌전하고 알기 쉬운 좋은 이름인걸? 그러니 부끄러워할 필요 없어."

"부끄럽지는 않지만 코딜리아란 이름이 더 좋아요."

앤이 변명하듯 말했지만 마릴라는 신경 쓰지 않고 다른 질문을 하기 시작했다.

"우린 스펜서 부인에게 남자 아이를 데려다 달라고 했는데 왜 이런 착오가 일어난 걸까? 고아원에는 남자 아이가 한 명도 없었니?"

"아뇨. 많이 있었어요. 그런데 스펜서 부인은 열한 살 정도의 여자 아이를 원한다고 해서 보모가 저를 추천했어요. 저는 너무 기뻐 한숨도 자지 못했고요. 저를 원한 것이 아니란 말을 왜 역에서 말해주지 않았나요? 그럼 기쁨의 하얀 길과 빛나는 호수를 보기 전이었다면 이렇게까지 괴롭지는 않았을 텐데요……."

"도대체 얘가 무슨 말을 하는 거예요?"

마릴라가 매슈의 얼굴을 멍하니 바라보았다.

"이 아이는 그저 우리가 오면서 본 것들에 대해 말하는 것뿐이야. 나는 말을 넣어두고 올 테니 식사를 할 수 있도록 준비해줘."

매슈가 돌아오자 세 사람은 식사를 시작했다. 하지만 앤은 아무것도 먹을 수가 없었다.

"왜 먹지 않니?"

"먹을 수가 없어요. 저는 지금 절망의 구렁텅이에 빠져 있거든요. 아주머니는 절망의 구렁텅이에 빠져 있을 때 음식을 드실 수 있겠어요?"

"나는 절망의 구렁텅이에 빠져 본 적이 없기 때문에 뭐라고 할 말이 없구나."

"그렇다면 제가 얼마나 괴로운지 모르시는군요. 2년 전에 딱 한 번 초콜릿 캐러멜을 먹어본 적이 있는데 정말 최고로 맛있었어요. 그런데 저는 지금 초콜릿 캐러멜조차 먹을 수 없을 정도로 절망적이에요. 제가 아무것도 먹지 않는다고 기분 나빠하지는 말아주세요. 맛있게 보이지만 먹어도 넘어가지 않을 거 같아요."

잠자코 두 사람의 대화를 듣고 있던 매슈가 말했다.

"이 아이가 피곤한 게 아닐까? 재우는 것이 좋겠다."

마릴라는 앤을 어디에 재울지 잠시 고민하다가 2층 동쪽 방으로 데리고 갔다.

아무런 장식 없이 하얀색으로 칠해져 있는 방은 매우 썰렁해 보였다.

"자, 2~3분 후에 촛불을 가지러 올 테니 빨리 잠옷으로 갈아입고 침대로 들어가거라."

마릴라가 나가자 앤은 이불을 머리끝까지 뒤집어쓰고 흐느껴 울었다. 잠시 후 촛불을 가지러 올라온 마릴라의 눈에 보이는 것은 아무렇게나 벗어던진 낡아빠진 옷뿐이었다.

마릴라는 천천히 옷을 주워 의자 위에 올려놓고는 침대 옆으로 다가가 약간 쑥쓰러운 목소리로 상냥하게 말했다.

"잘 자거라."

그러자 갑자기 이불이 들쳐지더니 앤이 커다랗게 눈을 뜨고 말했다.

"어떻게 잘 수 있겠어요. 저에겐 오늘 밤처럼 괴로운 밤이 없을 거란 것을 아주머니도 아시잖아요."

부엌으로 내려온 마릴라는 설거지를 하면서 담배를 피우고 있는 매슈에게 말했다.

"우리가 리처드 씨에게 부탁해서 이런 큰일이 생겼어요. 내일 오빠나 제가 스펜서 부인 댁으로 가서 저 아이를 고아원으로 돌려보내야겠어요."

"글쎄. 꼭 그렇게 해야겠니?"

"그걸 말이라고 하세요?"

"저 아이는 참 귀엽고 좋은 아이야. 마릴라, 저렇게 여기 있고 싶어 하는 아이를 돌려 보내는 것은 너무 매정한 것이 아닐까?"

"매슈 오빠는 설마 저 아이를 맡자고 하는 거예요? 저 아이를 여기 있게 할 수는 없어요. 저 아이가 우리에게 무슨 도움이 되겠어요?"

"그래······. 우리 형편으로는 저 아이를 여기 있게 할 수 없을 테지······. 하지만 우리가 저 아이에게 무언가 도움이 될 수도 있잖니."

"저 아이가 오빠에게 뭔가 마법이라도 건 건가요? 오빠 얼굴에

저 아이를 여기 있게 하고 싶다고 쓰여 있어요."

"실은 너무 재미있는 아이지 뭐니. 역에서 이곳으로 올 때 저 아이가 했던 말들을 너에게 들려주고 싶을 정도야."

"여자 아이가 말이 많으면 못 써요."

"밭일을 거들어줄 사람은 프랑스 남자 아이를 고용하면 돼. 그러니 저 아이는 너의 이야기 상대를 하게 하는 것은 어떨까?"

"이야기 상대 따위는 필요 없어요. 그리고 난 저 아이를 여기 있게 할 생각이 전혀 없어요."

"네 마음대로 하거라. 마릴라 네가 싫다면 어쩔 수 없지. 난 그만 자야겠다."

매슈가 침실로 가자 마릴라도 설거지를 마치고 언짢은 얼굴로 생각에 잠겨 자신의 방으로 들어갔다.

초록 지붕 집의 아침

따스한 아침 햇살이 온 방에 가득 비출 때 눈을 뜬 앤은 잠시 슬픈 기억을 떠올렸지만 곧 벌떡 일어나 창문을 열고 바깥을 바라보았다.

창가까지 뻗은 벚나무 가지에는 꽃이 흐드러지게 피어 있었다. 집 양 옆의 과수원과 집 아래 흐르는 시냇물 그리고 멀리 보이는 푸른 언덕까지 너무 아름다운 경치에 앤은 넋을 잃었다.

"앤, 아직 옷도 안 갈아입고 있구나."

마릴라가 앤의 어깨에 손을 올리며 무뚝뚝한 목소리로 말했다.

"아아 너무 근사해요."

꿈에서 깨어난 표정으로 앤이 창밖 풍경을 가리켰다.

"저 벚나무는 꽃이 많이 피지만 열매는 조금밖에 열리지 않아. 그것마저 벌레가 잘 먹어버리고."

"벚나무 말고도 여기 있는 모든 것이 아름다워요. 오늘 아침은 절망의 구렁텅이에 빠져 있지 않아요. 아침이 있다는 것은 근사한 일이고 이곳은 제가 상상할 수 없을 만큼 멋지거든요. 물론 이렇게 아름다운 곳에서 살 수 없다는 것이 조금 슬프기는 해요."

"자, 네 상상은 아무래도 좋으니까 그만 빨리 옷을 갈아입고 내려오렴."

가까스로 앤의 말을 막고 마릴라는 하고 싶은 말을 한 다음 부엌으로 내려왔다.

잠시 후 말끔하게 단장한 앤이 마릴라가 가져다준 의자에 앉으며 말했다.

"오늘 아침에는 몹시 배가 고파요. 어젯밤에는 온 세상이 황야로 변해버린 기분이었는데 오늘은 날씨가 좋아서 다행이에요. 물론 슬픈 소설 속 주인공처럼 꿋꿋하게 살아가는 모습을 상상하는 것은 멋진 일이지만 실제로 그런 일을 당하는 것은 좋아하지 않거든요."

"넌 어린 아이치고는 말이 너무 많아. 그만 조용히 하거라."

마릴라의 꾸짖음에 앤은 식사가 끝날 때까지 꾹 다물고 더 이상 한 마디 말도 하지 않았다.

마릴라는 드러내 놓고 말한 것은 아니지만 매슈가 앤을 이곳에서 살게 하고 싶은 것을 느낄 수 있었다.

식사가 끝나자 앤이 설거지를 하겠다고 나섰다.

"잘 씻을 수 있겠니?"

"그럼요. 물론 저는 아이 돌보는 일에 더 능숙하지만 이 집에는 돌볼 아이가 없으니 안타까워요."

"뜨거운 물을 많이 써서 깨끗이 씻도록 하렴. 오늘 아침에는 해야 할 일이 잔뜩 있고 오후에는 스펜서 부인에게 가서 너를 어떻게 해야 좋을지 상의도 해야 해. 설거지가 끝나면 2층으로 가서 침대를 말끔히 정리하도록 하렴."

앤에게 설거지를 해도 된다고 허락한 후 마릴라는 설거지하는 앤을 관찰한 후 그런대로 쓸 만한 아이라고 생각했다.

앤이 침대도 말끔하게 정리하자 마릴라는 앤에게 점심때까지 바깥에서 놀다 와도 된다고 허락했다.

마릴라의 말에 뛸 듯이 기뻐하며 문 앞까지 달려가던 앤이 갑자기 멈추더니 어깨를 축 늘어뜨리고 되돌아왔다.

"왜 그러니?"

"이곳에 있을 수 없게 되면 저 나무와 시냇물과 꽃들과 친구가 되어도 소용없잖아요. 갖가지 나무들과 시냇물이 '앤, 앤, 여기야. 이리 오렴. 우리와 친구가 되지 않을래?'라고 부르는 것 같지만 금새 헤어진다면 친해져서는 안 될 거 같거든요. 그런데 창가에 피어 있는 저 꽃은 이름이 뭐예요?"

"접시꽃이란다."

"저어 그런 이름 말고 아주머니께서 붙인 이름요. 아직 이름 붙인 것이 없나요? 그럼 제가 붙여도 되나요? 음…… 그럼 보니가 좋겠어요. 제가 이곳에 있는 동안은 보니라고 부를 수 있게 해주시겠어요?"

"나는 상관없다만……."

마릴라는 이 이상한 아이 때문에 머리를 흔들며 지하실로 감자를 가지러 내려갔다.

'매슈 오빠 말대로 정말 재미있는 아이야. 나도 모르게 저 아이가 다음에는 무슨 말을 할지 기대하게 되거든. 나한테도 마법을 걸 속셈인 거야. 마법에 걸린 오빠는 아직도 생각을 바꾸지 않은 거 같아.'

점심시간이 되자 마릴라는 식사를 하며 매슈에게 말했다.

"오후에 마차를 써도 될까요?"

매슈는 앤을 애처로운 듯 쳐다보더니 마지못한 얼굴로 끄덕였다.

"저는 스펜서 부인에게 가서 이 문제를 해결하겠어요. 스펜서 부인은 이 아이를 노바스코시아로 돌려보내 줄 거예요. 소젖을 짤 때까지는 돌아올게요."

오후가 되자 마릴라와 앤은 매슈가 밤색 말을 매어둔 마차에 올라탔다. 그 모습을 조용히 지켜보던 매슈가 불쑥 말했다.

"오늘 아침 크리크에서 제리 부트라는 남자 아이가 왔다는구나. 올 여름에는 그 아이를 고용하려고 해."

마릴라는 매슈의 말에는 대답하지 않고 마차를 몰아 빠르게 샛길을 달리기 시작했다. 잠깐 뒤돌아보자 화난 매슈가 쓸쓸하게 문에 기대고 있는 모습이 보였다.

"저는 이 마차를 타고 가는 동안만이라도 마음껏 즐기기로 했어요. 고아원으로 돌아가야 한다는 것은 잊고 즐거운 것만 생각할래요. 어머 저기 아름다운 분홍색 장미가 피었어요. 저는 분홍색이 제일 매력적인 색이라고 생각해요. 하지만 빨간 머리인 사람은 분홍색 옷을 입을 수가 없어요. 전혀 어울리지 않거든요. 아주머니는 어렸을 때 머리카락 색이 빨간색이었다가 다른 색으로 변했다는 이야기를 들은 적이 있나요?"

"글쎄다. 그런데 너의 머리카락 색은 영원히 변하지 않을 거 같구나."

"아…… 이것으로 희망 하나를 또 잃어버렸어요. 저의 인생은 '잃어버린 희망의 무덤'이에요. 아 이 말은 언젠가 책에서 읽은 것인데 실망스러운 일이 있을 때마다 이렇게 말하며 제 자신을 위로해요."

"그 말이 어떻게 널 위로하는지 나로서는 알 수가 없구나."

"너무 낭만적이면서 이야기 속 주인공이 된 것 같은 기분이 들게 해주거든요. 그런데 화이트 샌드까지는 거리가 얼마나 되나요?"

"5마일 정도 된단다. 넌 이야기를 하고 싶은 거 같은데 차라리 네 이야기를 해주렴."

"제 이야기는 할 가치가 전혀 없는걸요. 그러니 제가 상상한 이야기를 하는 것이 아주머니에게 훨씬 재미있을 거예요."

"나는 네 상상이 딱 질색이란다. 그보다 넌 어디에서 태어났고 몇 살이지?"

"이번 3월에 만 열한 살이 되었어요. 노바스코시아에서 태어났고 아빠 이름은 월터 셜리이고 고등학교 선생님이셨어요. 엄마는 버어샤이고 엄마 역시 고등학교 선생님이셨지만 아빠랑 결혼하면서 학교를 그만두셨어요. 두 분은 볼링블록의 작은 노란색 집에서 사셨고 그곳에서 태어난 저를 보고 토머스 이모는 비쩍 마르고 눈만 큰 보기 싫은 아이였다고 하셨어요. 그래도 부모님은 저를 무척 예뻐하셨는데 제가 태어난지 석 달도 되지 않아 엄마가 열병에 돌아가셨어요. 아빠도 사흘 후에 열병으로 돌아가셨고요. 저는 단 한 번이라도 엄마라고 불러본 기억이 있었으면 하는 생각을 하곤 해요. 두 분이 돌아가시고 저를 원하는 사람이 아무도 없어서 토머스 이모가 저를 길러 주셨어요. 토머스 이모부는 주정뱅이였고 두 사람 사이에는 아이가 4명이나 있었어요. 그런데 토머스 이모부가 기차 사고로 돌아가신 후 제가 아이를 잘 돌본다는 것을 아신 하먼드 이모가 절 받아주셨어요. 하지만 아무리 제가 아이를 좋아해도 그 집에는 아이가 무려 여덟 명이나 있어서 매우 힘들었어요. 2년 후에 하몬드 이모부가 돌아가셔서 저는 고아원에 간신히 들어가게 되었어요. 그리고 스펜서 아주머니가 오실 때까지 그곳에 있었어요."

앤은 불행했던 지난 일들을 이야기하는 것이 괴로운 듯 조그많게 한숨을 쉬었다.

"학교에는 다녔니?"

"토머스 이모 댁에 있을 때 마지막 해에 잠시 다녔어요. 하먼드 이모 댁에서는 봄과 가을에만 다닐 수 있었고요. 고아원에 있을 때는 계속 다녔어요."

"토머스 이모와 하먼드 이모는 너에게 잘 해주셨니?"

마릴라의 질문에 앤의 얼굴이 빨갛게 달아오르더니 우물거리며 말했다.

"예. 두 분 다 할 수 있는 한은 잘 해줄 마음이 있었다고 생각해요. 다만 두 분 모두 많이 고생하시다 보니 그러지 못한 것이고 틀림없이 저에게 잘 해주고 싶으셨을 거예요."

마릴라는 더 이상 아무것도 묻지 않고 생각에 잠겨 마차를 몰았다.

마릴라는 앤이 너무 가여워서 마음이 아팠다. 누구에게도 따뜻한 사랑을 받지 못하고 가난하고 고달픈 생활을 해왔던 앤은 초록 지붕의 집에 올 때 정말 자기 집이 생긴다는 희망을 가지고 왔을 것이다.

'되돌려 보내는 것은 너무 가혹한 짓인 거 같아. 매슈 오빠는 분명 이 아이와 함께 지내는 것을 찬성할 거야. 아이도 좀 수다스럽기는 하지만 성격이 좋으니 가르치기 쉬울 것이고 집안도 훌륭했을 거 같아.'

마릴라는 이런저런 생각을 하며 붉은 사암 절벽 위로 말을 몰았다.

"정말 멋진 바다예요. 토머스 이모부 댁에 있을 때 딱 한 번 바다에 가본 적이 있는데 정말 즐거웠어요. 그리고 몇 년 동안이나 그날의 일을 꿈꾸며 그리워했어요. 그런데 저기 큰 집은 누구네 집이에요?"

"화이트 샌드 호텔인데 여름이 되면 많은 미국 사람들이 피서를 오는 곳이야."

"휴우. 저는 스펜서 부인의 집이 아닌가 했어요. 아, 가고 싶지 않아요. 모든 것이 다 끝장나 버릴 거 같은 기분이 들어요."

앤이 슬픈 표정으로 말했다.

마릴라, 결심하다

스펜서 부인은 불쑥 들어선 두 사람에게 놀라면서도 상냥하게 맞이했다.

"오늘 오실 것이라고는 꿈에도 생각 못했어요. 잘 오셨어요. 앤, 너는 좀 어떠니?"

풀 죽은 얼굴로 앤이 대답했다.

"감사합니다. 별일 없어요."

"실은 조금 착오가 생긴 거 같아요. 우리는 리처드 씨에게 열 살에서 열한 살 정도 되는 남자 아이를 데려다 달라고 부탁드렸는데요…….”

"아니 어떻게 그런 일이…… 우리는 리처드 씨의 딸 낸시에게 두 분이 여자 아이를 원하신다고 들었어요. 정말로 드릴 말씀이 없어요. 낸시는 어쩔 수 없는 덜렁이라 그 점을 언제나 야단치고 있기는 한데요…….”

스펜서 부인이 어쩔 줄 몰라하며 말했다.

"아니에요. 우리도 잘못한 것이니 이 일을 어떻게 처리해야 할지 의논드리려고요. 고아원에서 이 아이를 다시 맡아 줄까요?”

"물론 맡아 주겠지만 마침 블루엣 부인이 일을 거들어줄 여자 아이를 부탁했으니 이 아이가 딱인 거 같아요. 하나님의 뜻인가 봐요.”

스펜서 부인의 하나님의 뜻이라는 말에 마릴라는 가슴이 덜컥 내려앉는 기분이었다. 블루엣 부인은 지나치게 부지런하고 가정부를 혹사시키며 굉장한 구두쇠라는 소문을 들었기 때문이다. 그 집 아이들도 건방지고 싸움만 한다고 들었기 때문에 그런 집에 앤을 보낼 것을 생각하니 양심에 가책이 느껴졌다.

"어머나 마침 저기 블루엣 부인이 오네요.”

스펜서 부인은 반가운 목소리로 소리친 후 두 사람을 객실로 안내했다.

"일이 잘 풀리는군요. 블루엣 부인 마침 잘 오셨어요. 사실 커스버트 씨가 남자 아이를 원했는데 잘못 전해져서 제가 여자 아이를 데려왔거든요. 만약 블루엣 씨가 거들어줄 여자 아이가 필요하다면 이 아이는 어떤가요?"

블루엣 부인은 날카로운 눈으로 앤을 머리끝에서 발끝까지 훑어보더니 차가운 목소리로 말했다.

"몇 살이니? 이름은?"

"열한 살이에요. 이름은 앤 셜리구요."

바짝 움츠러들은 얼굴로 당장 울 것 같은 목소리를 내며 앤이 대답했다.

"그다지 볼품 있는 모습은 아니지만 체력은 강할 거 같으니 내가 맡아주마. 착하고 예의바르고 영리하게 말 잘 들어야 한다. 먹여 주는 만큼 일을 해야 하고 실수도 없어야 해. 스펜서 부인 아기가 몹시 보채기 때문에 감당할 수 없을 정도라 지금 당장 이 아이를 데려가겠어요."

마릴라는 새파랗게 질린 앤의 얼굴에 몹시 놀라고 말았다. 무서운 덫에 걸린 어린 동물의 모습이었다. 그 모습이 너무 가여워 지금 구해주지 않는다면 평생 눈앞에 어른거릴 것만 같아진 마릴라는 천천히 말을 시작했다.

"매슈 오빠와 저는 이 아이를 맡지 않겠다고 결정한 것이 아니에요. 단지 왜 이런 일이 발생했는지 궁금해서 온 건데 이제 이 아이와 함께 집으로 돌아가 오빠와 다시 의논해야겠어요. 만약 돌볼 수 없다면 내일 댁으로 데리고 갈게요. 만약 데리고 가지 않으면 우리 집에 있을 거라고 생각하면 될 거예요."

마릴라의 이야기를 듣는 동안 앤의 얼굴이 점점 밝아져갔다.

요리책을 빌리러 왔던 블루엣 부인과 스펜서 부인이 방을 나가자 앤은 두 손을 모으고 떨리는 목소리로 말했다.

"정말 저를 초록 지붕의 집에 있게 해주시는 것이 제 상상은 아닌 거죠? 만약 저 부인 댁으로 가야 한다면 차라리 절 고아원으로 보내주세요. 저 부인은…… 마치 송곳 같아요."

두려운 얼굴로 앤이 말하자 마릴라는 웃음이 터지려는 것을 꾹 참고 엄한 목소리로 앤을 나무랐다.

"너처럼 어린 아이가 어른을, 더구나 잘 알지 못하는 사람에 대해 그렇게 이야기하는 것은 옳지 못하단다."

두 사람이 집으로 돌아가자 매슈가 샛길까지 나와 있었다.

매슈가 왔다 갔다 하는 모습을 발견한 마릴라는 그의 마음을 알 수 있었다.

마릴라로부터 자초지종을 들은 매슈는 매우 분노하는 한편 마릴라의 판단에 기쁨을 감추지 못했다.

"그래, 네가 그럴 거라고 믿고 있었어. 저 아이는 아주 재미있고 사람을 끄는 뭔가가 있거든."

"재미있는 것보다 도움이 되는 것이 더 좋아요. 일단 제가 하나 하나 가르칠 테니 오빠는 제 교육에 참견하지 말아요."

"그래. 네 교육에 참견하지는 않으마. 하지만 그 아이에게 조금 다정하게 대해주렴. 그 아이가 널 따르게 되면 엄격하지 않아도 네가 원하는 대로 할 거야."

마릴라는 다음날 오후가 되도록 앤에게는 같이 살게 될 거라는 이야기를 하지 않았다.

오전부터 앤에게 이것저것 시키면서 일하는 모습을 지켜보며 마릴라는 앤이 활기차고 꾀를 부리지 않으며 이해력도 빠르고 솔직하다는 것을 알았다.

점심 식사 후 설거지를 끝낸 앤이 몹시 긴장된 표정으로 양 손을 꼭 쥐고 마릴라에게 물었다.

"부탁인데 저를 다른 곳에 보낼 것인지 아니면 이곳에 있게 해주실 것인지 알려주시면 안 될까요? 너무 궁금해서 이젠 1분도 기다릴 수 없을 거 같아요."

"행주를 뜨거운 물에 소독하라고 했는데 시킨 대로 하지 않았구나. 결정을 듣기 전에 우선 네가 해야 할 일을 잘 마무리하렴."

앤이 즉시 일을 끝내고 다시 마릴라 앞에 서서 간절한 표정으로 마릴라의 얼굴을 올려다보았다.

"그래. 이제 말해주마. 우린 너를 데리고 있기로 했단다. 하지만 그건 네가 착한 아이가 되도록 노력할 경우에 한해서란다. 아니 왜 그러니, 앤?"

"너무 기쁜데 자꾸 눈물이 나요. 기쁘다는 말로도 제 마음을 표현할 수 없어요. 꼭 착한 아이가 되도록 노력할게요. 이제 어떻게 부르면 될까요? 아주머니라고 불러도 될까요?"

"마릴라라고 부르렴."

"너무 무례하지 않을까요? 그리고 전 친척 중에 아주머니가 한 분도 안 계셔 마릴라 아주머니로 부르고 싶어요."

"난 너의 아주머니가 아니고 존경을 담아 주의해서 부르면 조금도 무례하게 들리지 않을 거야."

"그래도 저의 아주머니라고 상상하시면 되잖아요."

"난 사실과 다르게 상상하는 것을 좋아하지 않는단다. 그보다 거실에 가서 벽난로 선반 위의 카드를 가져오너라. 거기에 주기도문이 씌여 있는데 오후에는 주기도문을 외우도록 해라."

마릴라는 뜨개질을 시작하며 앤을 기다렸지만 10분이 되도록 돌아오지 않아 거실로 가보았다.

그곳에는 〈어린이들을 축복하시는 그리스도〉란 거실 벽의 그림 앞에 꿈꾸는 눈으로 꼼짝도 하지 않는 앤이 있었다.

"앤 뭐하는 거니?"

마릴라의 엄한 목소리에 앤이 화들짝 놀라 말했다.

"저 그림을 보고 있어요. 저기 파란 옷을 입고 구석에 혼자 서 있는 여자 아이가 저라고 상상하고 있었어요. 저 아이도 저와 같은 처지인데 축복을 받고 싶어 머뭇거리며 예수님이 자신을 알아차리길 기다리는 중이에요. 혹시 자신을 몰라 볼까 걱정하지만 예수님은 알고 계세요. 저는 그런 것들을 상상해봤어요. 그런데 그림 그리는 사람이 예수님을 저렇게 슬픈 모습으로 안 그렸으면 좋았을 거 같아요. 아이들이 무서워하지 않도록요."

"앤, 예수님을 그렇게 말하는 것은 실례야. 그리고 내가 너에게 무언가를 가지러 보내면 바로 가지고 와야 한단다. 자, 그 카드를 가지고 부엌으로 와서 주기도문을 외우도록 해라."

"저는 이 기도문이 좋아졌어요. 시를 읽을 때와 똑같은 기분이 들고 음악 같아요."

"이제 그만 떠들고 마저 외우렴."

"마릴라, 저에게도 마음의 친구가 생길까요?"

주기도문을 외우던 앤은 금새 또 질문을 해왔다.

"뭐라고?"

"마음 속 친구요. 모든 것을 다 털어놓을 수 있는 사이좋은 친

마릴라, 결심하다 87

구요."

"오차드 슬로프에 네 또래인 여자 아이가 있어. 다이애나 밸리라고 하는데 착한 아이니까 친척 집에서 돌아오면 좋은 친구가 되어 줄 거야. 하지만 조심해야 할 거야. 밸리 아주머니는 엄격해서 착한 아이가 아니면 다이애나와 놀게 해주지 않을 거야."

"다이애나는 어떻게 생겼어요? 머리카락은 빨간색이 아니겠죠? 저도 빨간 머리인 거 참을 수가 없는데 마음 속 친구까지 그렇다면 참을 수 없을 거 같아요."

"눈은 까맣고 볼은 장밋빛에 영리하고 착하며 아주 예쁘게 생긴 아이야. 물론 생김새보다 마음이 착한 것이 더 중요하지."

마릴라는 앤에게 교훈이 되는 말을 해주려고 애썼지만 앤은 관심거리에만 귀를 기울였다.

"예쁘다니 다행이에요. 제가 미인이면 더 좋겠지만 그건 희망사항일 뿐이니 친구가 예쁘면 멋질 거 같아요. 어머 저기 큰 벌이 사과꽃에서 잠을 자다가 굴러 떨어졌어요. 참 멋져요. 제가 사람이 아니라면 벌이 되어 꽃 속에서 살고 싶어요."

"어제는 갈매기가 되고 싶어 했잖니? 넌 정말 변덕스럽구나. 자수다는 그만 떨고 주기도문을 마저 외우렴. 넌 옆에 사람이 있으면 수다 떠는 것을 그만두지 못할 테니 네 방으로 가서 외두도록 하렴."

"사과꽃을 가지고 가도 될까요?"
"안 된다. 방을 어지럽히면 곤란하니까."

앤은 자신의 방으로 가 창가에 의자를 놓고 앉아 주기도문을 외웠다.
"우와 다 외웠다. 기분 좋아. 눈의 여왕이여 안녕! 움푹 팬 땅의 단풍나무도 안녕? 언덕 위 회색 집아 잘 있었니? 너희들은 다이애나가 내 친구가 되어줄 거라고 생각하니?"

앤은 활짝 핀 벚꽃을 향해 손 키스를 보낸 뒤 기분 좋게 상상의 세계로 떠났다.

앤의 사과

 앤이 초록 지붕에서 살게 된 지 2주가 지났을 때 린드 부인이 찾아왔다.

 "마릴라, 사실은 깜짝 놀랐지 뭐예요. 그런 착오가 생겨서 정말 곤란했겠어요. 그런데 아이를 돌려보내는 것이 힘들었나요?"

 "보낼 수도 있었지만 오빠가 무척 마음에 들어했고 저도 그 아이가 결점이 조금 있지만 밝아서 괜찮았어요. 집안 분위기도 완전히 달라졌답니다."

 "당신들은 아이를 키워본 적도 없고 아이가 자라온 환경이나 성품도 제대로 알지 못하니 어떤 아이로 자라게 될지 모르는 만큼 큰 짐을 떠안게 된 거예요."

"그런 걱정은 하지 않아요. 그 아이를 보려고 오셨을 테니 불러 올게요."

과수원을 돌아다니던 앤은 마릴라가 부르는 소리를 듣고 뛰어왔다가 낯선 사람을 발견하고 문가에 멈춰섰다.

짧은 치마 아래 길고 가는 다리가 보였고 바람에 흐트러진 빨간 머리와 주근깨가 유난히 도드라지게 보였다.

"생긴 것을 보고 데려온 것은 아닌 것이 확실하네요. 지독한 말라깽이에 주근깨도 많고 못생겼군요. 어머, 저 빨간 머리는 홍당무 같아요."

린드 부인의 말에 앤의 얼굴은 분노로 붉게 달아올랐다.

"아주머니 같은 사람은 정말 싫어요. 어쩜 그렇게 아무렇지 않게 막말을 할 수 있죠? 아주머니처럼 품위 없고 무례하고 인정 없는 사람은 본 적이 없어요!"

앤은 한 마디 할 때마다 발로 바

닥을 쿵쿵 내리쳤다.

"앤!"

마릴라가 황급히 막으려고 했지만 앤은 점점 더 화를 내고 있었다.

"아주머니도 볼품없고 살만 찌고 상상력도 없어요. 이런 이야기 들으니 어떠세요? 전 너무 큰 상처를 받아 아주머니를 용서할 수 없어요."

"어쩜 이렇게 화를 잘 내는 아이는 처음 봐. 아이고 저런 애를 키우려고 하다니 마릴라, 당신을 정말 이해할 수가 없어요."

마릴라의 야단에 울면서 2층 자신의 방으로 올라간 앤을 보며 린드 부인이 어이없다는 얼굴로 말했다.

"저 아이의 외모에 대해 이러쿵저러쿵 한 것은 좋지 않아요."

"저 아이를 감싸는 건가요?"

"아뇨. 감쌀 생각이 없고 나중에 잘 타이르겠지만 레이첼도 저 아이를 너그럽게 봐줘야 해요. 저 아이에게 너무 심하게 말했거든요."

마릴라의 말에 린드 부인이 자리에서 일어서며 쌀쌀맞게 말했다.

"마릴라의 말대로 앞으로는 조심하도록 하겠지만 이 집에 온지 얼마 되지도 않은 고아가 그렇게 중요한지 모르겠어요. 앞으로

저 아이 때문에 고생하게 될 거예요. 이런 봉변은 정말 처음이에요."

린드 부인이 떠나자 마릴라는 언짢은 얼굴로 앤에게 가보았다.

앤은 침대에 엎드려 울고 있었다.

"앤, 당장 침대에서 내려와 내 말 좀 듣거라."

앤이 주춤주춤 일어나 의자에 앉았다.

"참 대단하더구나. 부끄럽지 않니?"

"그 아주머니는 저에게 못생긴 빨간 머리라고 놀릴 자격이 없어요."

"물론 무례한 말을 할 자격 같은 것은 없어. 그렇다고 그렇게 화를 내다니 부끄러웠단다. 나는 네가 린드 부인에게 예의바르게 행동해주길 바랐어. 넌 언제나 스스로를 빨간 머리에 못생겼다고 하면서 린드 부인이 그렇다고 하니 화를 내는 것을 이해할 수가 없어."

"내가 스스로에 대해 말하는 것과 남이 말하는 것은 차이가 있어요. 나는 그렇게 생각해도 다른 사람이 그렇게 생각하는 것은 바라지 않아요. 그래서 그 아주머니 말에 화가 치밀고 가슴이 메어왔어요."

"린드 부인은 온 동네에 네 이야기를 퍼뜨리고 다닐 거야. 넌 온 동네의

웃음거리가 될 거고. 그런 식으로 화를 낸 것은 정말 예의바르지 않은 행동이야 앤."

"마릴라도 누군가에게 말라깽이에 못생겼다는 말을 들었다고 상상해 보세요."

앤의 말에 마릴라는 과거 누군가가 자신을 향해 피부가 검고 못생겼다고 했을 때가 떠올랐다. 동시에 그때의 슬픔과 분노의 감정도 되살아났다.

"린드 부인이 너에게 그런 말 한 것이 잘한 것이라는 생각은 하지 않는단다. 그렇다고 네 행동이 합리화되지는 않아. 더구나 손님이잖니. 린드 부인에게 사과하고 오렴."

부드러운 목소리로 앤을 타이르던 마릴라는 문득 근사한 벌칙이 생각나 앤에게 말했다.

"마릴라 그것만은 하고 싶지 않아요. 차라리 어둡고 칙칙한 감옥에 들어가 물과 빵만 먹는 벌칙을 택하겠어요."

"우리 마을에서는 감옥에 사람을 가두는 일 따윈 하지 않아. 넌 린드 부인에게 무슨 일이 있어도 사과해야 해. 안 그럼 넌 계속 이 방에 있거라."

"전 그럼 영원히 이 방에 있어야겠군요. 전 조금도 잘못한 것이 없기 때문에 절대 사과할 수 없어요. 잘못하지도 않았는데 사과라니 상상으로라도 할 수 없어요."

"오늘밤 천천히 자신이 한 일을 생각해보면 내일이면 생각이 바뀌게 될 거다."

마릴라는 부엌으로 내려가 일을 하면서도 린드 부인이 말을 더듬던 것이 떠올라 자꾸 웃음이 나왔다.

다음날 아침, 여전히 앤이 방에서 내려오지 않자 매슈가 궁금해해 마릴라는 어제 있었던 소동에 대해 말해주었다.
"앤이 잘한 거야. 레이첼은 너무 지나치게 남 일에 참견하는 수다쟁이거든."
"매슈 오빠는 앤이 잘못한 걸 알면서도 편을 들다니 기막히군요."
"앤이 잘못한 것은 알지만 그렇다고 너무 엄하게 대하지는 말아라. 지금까지 앤에게 예의범절을 가르쳐준 사람이 아무도 없어서 그랬을 거야."

매슈는 종일 방에서 나오지 않고 음식도 거의 손을 대지 않는 앤이 걱정되어 앤의 방문을 노크했다.
앤은 창가에 놓인 의자에 앉아 슬픈 얼굴로 마당을 내려다보고 있었다.
너무 애처롭고 기운 없어 보이는 앤의 모습에 매슈는 마음 아파서 살며시 안에 들어가 조용히 물었다.

"앤, 괜찮니?"

"그럭저럭요. 이것저것 상상하고 있으니 시간이 잘 지나가요."

"앤, 언젠가는 해야 할 일이니 차라리 빨리 끝내는 것이 좋지 않을까? 마릴라는 한 번 결심하면 절대 물러서지 않거든."

"린드 부인에게 사과하는 거요? 알겠어요. 아저씨를 위해서라면 할게요. 실은 오늘 아침이 되니 제 자신이 부끄러워졌어요. 그렇지만 사과할 용기는 나지 않아요."

"린드 부인의 기분을 조금 풀어주면 된단다. 넌 영리한 아이이니 잘 할 거야. 네가 없으니 너무 쓸쓸하구나."

"좋아요. 마릴라가 오면 후회한다고 말할게요."

"내가 이야기했다는 거 마릴라에겐 절대 비밀이다. 난 상관하지 않겠다고 약속했거든."

마릴라가 돌아오자 앤은 마릴라를 불렀다.

"제가 잘못했어요. 린드 부인에게 사과할게요."

"좋아. 우유를 짠 후 린드 부인에게 데려다주마."

린드 부인에게 사과하러 가는 앤의 무거운 발걸음은 어느 순간 가볍고 얼굴에도 활기가 돌기 시작했다.

"앤, 무슨 생각을 하는 거니?"

"어떻게 사과할까 생각 중이에요."

이상하게 즐거운 표정으로 앤이 말하자 마릴라는 마음을 놓을 수가 없었다.

드디어 린드 부인의 집에 도착한 앤은 린드 부인 앞에 무릎을 꿇더니 애처로운 목소리로 말했다.

"아주머니 정말 잘못했어요, 제가 얼마나 슬퍼하는지 사전 한 권으로도 표현하기 힘들 거예요. 전 아주머니에게 너무 큰 실례를 했고 매슈 아저씨와 마릴라를 부끄럽게 했어요. 전 너무 나쁘고 은혜를 모르는 아이고 아주머니는 사실을 말했는데 화를 내서 정말 죄송해요. 전 아주머니 말대로 빨간 머리카락에 주근깨투성이의 못생긴 말라깽이예요. 모든 것이 사실인데 화를 낸 저를 용서해 주세요. 저를 용서해주지 않는다면 전 평생 슬퍼하며 살 거예요. 부디 저를 용서한다고 말해주세요."

마릴라는 사과하는 자신을 즐기는 듯한 앤의 모습에 어이가 없었지만 린드 부인은 천성이 착해 그걸 알아차리지 못하고 마음을 누그러뜨리고 있었다.

"어서 일어나려무나. 용서해주마. 나도 너무했단다. 그런데 내가 알고 있던 여자 아이는 어렸을 때는 너처럼 빨간 머리였는데다 자란 후 아주 색이 진해져서 다갈색 머리카락으로 바뀌었단다. 너도 그렇게 될 수 있을지도 몰라."

"어머나 레이첼 아주머니는 저에게 큰 희망을 주셨어요. 제 머리카락이 다갈색 머리카락이 될 수 있다니 얼마나 행복한지 몰라요. 두 분이 대화를 나누는 동안 저는 마당에 나가 있어도 될까요?"

"그럼 괜찮고말고."

앤의 모습이 사라지자 린드 부인이 말했다.

"참 별난 아이군요. 그리고 사람을 끄는 매력이 있어요. 당신 남매가 저 아이를 맡기로 한 이유를 이제 조금 알 거 같아요. 지나치게 자기 주장을 하고 조금 기묘하게 말하며 화도 잘 내는 거 같지만 교활하거나 거짓을 찾아볼 수는 없어요. 전 교활한 아이는 딱 질색인데 저 아인 마음에 들어요."

마릴라는 린드 부인에게서 선물로 받은 꽃다발을 안고 앤에게 다가갔다.

"저 잘 했죠. 사과할 거라면 진심에서 우러나온 듯 울먹거리는 것이 좋겠다고 생각했어요. 전 다른 것은 다 참아도 빨간 머리를 놀리는 것은 못 참겠어요. 그런데 정말 나중에 제가 예쁜 다갈색으로 바뀔까요?"

마릴라는 앤의 사과가 떠올라 웃음이 나왔지만 한편으로는 걱정스럽기도 했다.

"너의 그런 태도가 언제나 옳은 것은 아니야. 그리고 앞으로는 화를 내지 않도록 조심하렴. 자신의 외모에 너무 지나치게 신경 쓰지 말고. 마음이 아름다우면 외모도 아름다워지는 거란다."

"전에도 그런 말을 들었지만 저는 전적으로 믿지 않아요. 어머 꽃이 참 예뻐요. 이런 예쁜 꽃을 주시다니 레이첼 아주머니는 참 친절하세요. 사과하고 용서 받는다는 것은 기분 좋은 일이네요."

산들바람이 부는 샛길을 걸어 초록 지붕의 집으로 돌아오는 동안 앤은 거칠거칠한 마릴라의 손을 살며시 잡았다.

"돌아올 집이 있다는 것은 정말 행복한 일이에요. 전 초록 지붕의 집이 더더욱 좋아졌어요. 이곳은 나의 집이라는 생각이 들 거든요. 마릴라 저는 정말 행복해요."

마릴라는 자신의 손을 잡아오는 작고 가는 앤의 손에 따뜻하고 기분 좋은 감정이 가슴 가득 차오르는 느낌이 들었다.

두 사람은 처음 맛보는 감정으로 둘러싸여 행복한 기분으로 노을 지는 길을 걸어갔다.

경건한 맹세와 약속

 어느 날 설거지를 마치고 행주를 정리하던 앤에게 마릴라가 반가운 소식을 전했다.
 "앤, 다이아나가 친척 집에서 돌아왔다는구나. 마침 밸리 부인에게 스커트 옷본을 빌리러 가야 하니 너도 같이 가서 다이애나를 만나보렴."
 "드디어 때가 되었군요. 그런데 다이애나가 저를 좋아하지 않으면 어쩌죠?"
 "자아, 그런 걱정은 안 했으면 좋겠구나. 여자 아이가 그런 장황한 말들을 해도 우스꽝스럽게 들리니 예의바르고 얌전하게 행동해야 한단다."

너무 긴장해서 바르르 떠는 앤을 데리고 마릴라는 지름길을 이용해 다이애나의 집으로 갔다. 마릴라가 문을 두드리자 큰 키에 눈도 머리도 까만 부인이 나왔다.

"어서 오세요. 이 아이가 당신이 데려온 여자 아이군요."

"그래요. 앤 셜리라고 해요."

"지내기는 괜찮니?"

"네 고맙습니다. 몸도 건강해요."

앤은 밸리 부인에게 대답한 후 마릴라에게 살며시 물어본다고 했지만 주위에 다 들릴 정도로 큰 소리로 말했다.

"저 조금도 장황하지 않았죠?"

그 소리에 소파에 앉아 책을 읽던 검은 머리 검은 눈동자의 여자 아이가 고개를 돌려 호기심 어린 표정으로 그들을 바라보았다.

"다이애나, 앤을 마당으로 데리고 가렴."

밸리 씨 마당은 큰 버드나무와 단풍나무로 둘러싸여 새하얀 수선화와 장밋빛 금낭화를 비롯해 갖가지 꽃들로 가득했다.

앤과 다이애나는 참나리를 사이에 두고 쑥스러운 얼굴로 서로를 마주 보다가 가까스로 앤이 말을 꺼냈다.

"다이애나 저기 내가 너에게 좋은 친구가 될 수 있을까? 나의 마음 속 친구가 되어줄래?"

다이애나는 언제나 무슨 말을 하기 전에 웃는 버릇이 있는데 이번에도 웃음을 먼저 터뜨렸다.

"그래. 네가 초록 지붕의 집에 와서 정말 기뻐. 이 근처에서는 지금까지 같이 놀 친구가 없었거든."

"다이애나 영원히 나의 친구가 되겠다고 맹세하겠니?"

"맹세? 어떻게 하는 건데?"

"서로 손을 잡고 맹세의 말을 하면 돼. 사실은 물 위에서 해야 하지만 이 좁은 길이 물이라고 생각하고 내가 먼저 말할게. 나는 태양과 달이 있는 한 마음의 친구 다이애나 밸리에게 충성할 것을 엄숙히 맹세합니다. 자 이제 네 차례야."

다이애나는 이번에도 웃음을 터뜨린 후 맹세의 말을 했다.

"앤, 너는 별나지만 나는 네가 정말 좋아질 거 같아."

"다이애나와는 좋은 친구가 될 거 같니?"

집으로 돌아오는 길에 마릴라가 질문하자 앤은 기분 좋은 듯 한숨을 내쉬며 말했다.

"마릴라 저는 프린스 에드워드 섬에게 가장 행복한 사람이에요. 다이애나와 내일 벨 씨의 숲에서 소꿉놀이 집을 짓고 백합도 볼 예정이에요. 또 하늘색 옷을 입은 아주 아름다운 여자의 모습이 그려진 아주 예쁜 그림도 주겠다고 했어요."

그날 밤 마릴라는 매슈 오빠에게 말했다.
"저 아이가 온지 겨우 3주밖에 안 되었는데도 마치 오랫동안 함께 살았던 거 같은 기분이 들어요. 이젠 저 아이가 없는 집은 상상하지 못하겠어요. 저 아이를 맡기로 한 것은 정말 잘한 일 같아요."
마릴라의 말에 매슈는 살짝 미소 지었다.

어느 날 창가에 앉아 뜨개질을 하던 마릴라는 시계를 본 후 창밖을 본 후 화가 치밀었다.
'다이애나와 놀다가 약속한 시간보다 30분이나 늦더니 지금도 매슈 오빠에게 말하느라 정신없네. 매슈 오빠도 일에서 손 떼고 저 아이 수다에 넋을 잃고 듣고 있잖아.'
"앤! 당장 안으로 들어오너라."
마릴라가 창문을 세게 두드리며 말하자 깜짝 놀란 앤이 길게 땋아 내린 빨간 머리를 나부끼며 빛나는 눈으로 뛰어왔다.
"마릴라, 다음 주에 주일학교에서 소풍을 간대요. 빛나는 호수 바로 옆에 있는 들판으로요. 밸리 아주머니와 린드 부인은 아이스크림을 만들어준대요."

"앤, 시계를 봐라. 내가 몇 시까지 들어오라고 했지?"

"2시요. 그렇지만 마릴라 저는 소풍 이야기에 시간 가는 줄도 몰랐어요. 저는 소풍을 한 번도 가보지 못했기 때문에 정말 꼭 가고 싶어요."

"앤, 나는 너에게 2시까지 오라고 했는데 지금은 벌써 3시 15분이야. 왜 약속을 지키지 않는 거니?"

"약속을 어기려던 것은 아니었어요. 그냥 매슈 아저씨에게 소풍 이야기를 해드리고 싶었고 아저씨가 몹시 즐거워하며 들어주셨어요. 저 소풍 보내주실 거죠?"

"내가 몇 시까지 오라면 그 시간을 정확하게 지키도록 해라. 도중에 아는 사람을 만났다고 떠들어대지 말고. 소풍은 가도 좋아. 주일학교의 아이들 모두 가는데 널 가지 못하게 할 이유는 없잖니."

"그런데요…… 다이애나가 그러는데 소풍 때는 바구니에 먹을 것을 가득 담아간대요. 그런데 전 요리를 할 줄 모르고 바구니 없이 가는 것도 부끄러워서요."

"내가 바구니를 만들어 줄 테니 괴로워할 필요 없단다."

마릴라의 말에 앤은 너무 기뻐 마릴라를 꼭 안고는 마릴라의 뺨에 키스를 퍼부었다. 그런 앤의 모습에 속으로는 기뻤지만 마릴라는 내색하지 않고 퉁명스럽게 말했다.

"별거 아닌 일로 키스까지 할 필요는 없단다. 요리도 서서히 가르쳐주마. 자 차 마시는 시간 전까지 패치워크를 마무리 지으렴."
"전 패치워크가 싫어요. 상상할 것이 전혀 없거든요."

앤은 그 주 내내 소풍에 대해 이야기하고 상상하고 꿈까지 꿨다. 토요일에는 비가 내려 혹시 일요일 소풍을 가지 못하는 것은 아닐까 걱정하느라 잠을 이루지 못하기도 했다.

드디어 일요일이 되었고 교회에서 돌아오며 마릴라에게 목사님이 소풍 행사를 발표했을 때의 기쁨과 설레임을 재잘거렸다.

"마릴라, 다가올 즐거움을 기다리는 것은 그 즐거운 일의 절반을 미리 갖게 되는 것과 같아 지금 얼마나 행복한지 몰라요."

마릴라는 교회에 갈 때마다 어머니가 물려주신 소중한 브로치를 달았다. 비록 모양은 구식이지만 어머니의 머리카락을 담은 브로치의 가장자리에는 고급스런 자수정이 박혀 있었다. 그 브로치를 본 앤은 아름다움에 감탄하고 또 감탄했다.

"마릴라, 너무 훌륭한 브로치예요. 그저 아름답다는 표현으로는 부족할 정도로 멋진 자수정이에요. 제가 잠깐만 브로치를 가지고 있어도 될까요? 그럼 제 스스로가 너무 아름답게 보일 거 같아요."

8

앤의 고백

 소풍을 이틀 앞둔 월요일 저녁, 마릴라는 콩깍지를 까면서 즐겁게 노래하는 앤에게 물어보았다.
 "앤, 혹시 내 자수정 브로치를 봤니? 어제 저녁 교회에서 돌아온 후 바늘거래에 꽂아 놓은 거 같은데 안 보이는구나."
 "오늘 오후 아주머니가 후원회에 가셨을 때 보았어요."
 "만졌니?"
 "예. 얼마나 예쁜지 보려고 가슴에 달아 보았어요."
 "나도 없는데 내 방에 들어갔단 말이니? 어떻게 자신의 것도 아닌 브로치를 함부로 만질 수 있지? 그럼 그 브로치는 어디에 두었니?"

"장롱 위에 그대로 두었어요. 1분도 안 되게 달아보고 바로 돌려놓았어요."

"앤, 혹시 브로치를 달고 밖으로 나간 거 아니니? 아무리 찾아 봐도 브로치가 없구나. 마지막으로 만진 사람이 너야. 어디에 두었는지 사실대로 말하렴."

"분명히 원래 있던 곳에 그대로 두었어요."

"좋아. 다시 한 번 찾아보마. 네가 정말 그대로 두었다면 있어야 하니까. 하지만 없다면 네가 가져다 놓지 않은 것으로 생각할 수밖에 없구나."

"맹세코 저는 잠깐 달아 본 후에 그대로 두었어요"

앤은 화난 마릴라에게 당당한 태도로 말했다. 하지만 마릴라는 앤을 믿을 수가 없어 방으로 가 있을 것을 명령했다.

그날 밤 마릴라는 다시 앤에게 브로치의 행방을 물었지만 앤은 여전히 같은 대답을 했다.

다음날 마릴라는 매슈에게 브로치 이야기를 했고 매슈는 마릴라가 착각한 것일 수도 있다고 말했다.

밤이 되자 마릴라는 앤에게 단호하게 말했다.

"네가 사실대로 말하기 전에는 절대 이 방에서 한 발짝도 나가서는 안 돼."

"내일은 소풍 가는 날이에요. 설마 소풍을 못 가게 하시는 것은 아니죠? 오후에 소풍을 갈 수 있게 해주신다면 그 후로는 마릴라가 말한 대로 언제까지나 이곳에 있을게요. 그러니 소풍만은 보내주세요."

앤의 애원에도 마릴라는 안 된다고 거절한 후 방을 나왔다.

다음날 아침 식사를 가지고 앤의 방으로 가자 앤은 굳은 표정으로 말했다.

"마릴라 사실 제가 자수정 브로치를 가져갔어요. 방에 들어갔을 때는 가질 생각이 없었지만 가슴에 달아보니 너무 예뻐서 가지고 나가 다이애나에게 자랑한 후 호수의 다리를 건널 때 더 자세히 보려다가 그만 손이 미끄러져 브로치를 호수에 떨어뜨렸어요."

마릴라는 앤의 고백에 소중한 브로치를 잃어버리고도 너무 태연한 얼굴을 하고 있어 화가 치밀어올랐다.

"저는 당연히 벌을 받아야 하니 당장 벌을 주고 소풍에 갈 수 있게 해주세요."

"앤, 네가 이렇게 나쁜 아이인 줄 몰랐다. 소풍이라니 어처구니가 없구나. 소풍을 보내줄 수 없어. 그게 벌이야."

"사실대로 말하면 소풍을 보내주신다고 하셨잖아요. 그래서 고백한 건데 소풍만은 보내주세요. 그럼 어떤 벌이든 달게 받을게요."

"한 번 안 된다고 했으니 애써 조를 필요 없다."

앤은 마릴라의 단호한 말에 큰 소리로 비명을 지르더니 침대에 엎드려 울음을 터뜨렸다.

"저 아이가 어떻게 되었나봐. 겨우 소풍 때문에 저러다니……."

점심시간이 되자 마릴라는 앤을 불렀다. 그러자 눈물로 범벅이 된 앤이 말했다.

"저는 지금 온통 슬픔에 잠겨 점심식사를 할 수 없어요. 그러니 먹으라는 말은 하지 말아주세요."

마릴라는 앤의 말에 화가 나 매슈에게 푸념을 늘어놓았다.

"저 아이가 잘못한 것은 맞지만 너무 어리잖니. 예의범절도 배우지 못했으니 너그럽게 용서해주면 어떻겠니?"

"그래서 지금 예의범절을 가르치는 중이에요."

침울한 분위기 속에서 점심식사를 마친 후 마릴라는 문득 후원회에 갔다가 돌아와서 검은색 레이스 숄을 벗다가 숄이 조금 찢어져 있던 것이 떠올랐다.

숄을 수선하기 위해 트렁크 안에서 꺼내자 창가의 햇빛을 받아 무언가가 자색으로 반짝거리는 것이 보였다. 당황한 마릴라가 그것을 살펴보자 숄에 매달려 있는 자수정 브로치가 보였다.

"밸리 호수에 가라앉았다던 브로치가 왜 여기 있는 거지? 저 아이는 왜 거짓말을 했지? 아 그러고 보니 월요일에 숄을 벗어 잠시 장롱 위에 두었는데 그때 브로치가 레이스에 걸린 거야."

마릴라는 브로치를 들고 앤의 방으로 갔다.

"앤 방금 레이스숄에 걸린 브로치를 발견했단다. 오늘 아침 네 이야기는 뭐였니?"

"제가 사실대로 말하기 전까지는 소풍을 보내주지 않는다고 하셨는데 전 꼭 소풍을 가고 싶어서 거짓말을 한 거예요. 하지만 마릴라가 소풍을 보내주지 않았으니 모두 소용 없게 되어버렸어요."

힘없는 목소리로 앤이 대답하자 마릴라는 웃음이 나오면서 자신이 너무 했다는 생각을 했다.

"앤, 너에겐 정말 두 손 두 발 다 들었다. 자신이 하지도 않은 일을 고백하다니 그건 잘못된 일이지만 그렇게 만든 것은 나이니 네가 용서해준다면 나도 너를 용서하마. 그리고 빨리 소풍 갈 준비를 하렴."

"오 마릴라 정말 고마워요. 그런데 너무 늦지 않았을까요?"

"지금 2시이니 아직 한 시간 남았단다. 얼른 세수하고 옷 갈아입으렴. 나는 그 사이 바구니를 가득 채워놓으마. 그리고 제리에게 널 소풍 가는 곳까지 마차로 데려다주라고 하마."

"5분 전까지는 너무 비참해서 차라리 태어나지 않았으면 했는데 지금은 천사로 만들어준다고 해도 거절할래요."

그날 밤 앤은 몹시 피곤하면서도 행복한 얼굴로 돌아왔다.

"저는 소풍에서 너무나 즐거운 시간을 보냈어요. 모든 것이 근사했어요. 보트도 타고 오늘 먹은 아이스크림은 말로 표현할 수 없을 정도로 근사한 맛이었어요."

마릴라는 매슈에게 있었던 모든 일을 이야기하고 이렇게 말을 맺었다.

"내가 잘못한 것을 인정해요. 좋은 공부도 했고요. 저 아이는 좀 알 수 없기는 해도 잘 자랄 거예요. 그리고 저 아이가 있는 집은 어떤 곳이든 절대 심심할 일은 없을 거란 것은 확실해요."

학교에서 일어난 대소동

9월이 되자 앤은 학교에 다니기 시작했다. 마릴라는 별난 앤이 다른 아이들과 잘 지낼 수 있을지 걱정했지만 앤은 첫날 활기찬 얼굴로 돌아와 마릴라에게 보고했다.

"학교에는 여자 아이가 많아서 즐거웠어요. 저는 이 학교를 좋아하게 될 거 같아요."

그로부터 3주가 지났을 때 다이애나가 앤에게 말했다.

"오늘 아마 길버트 브라이스가 학교에 올 거야. 그동안 뉴브랜즈이크에 있는 아저씨 댁에 있었는데 참 멋진 아이야. 그런데 여자 아이를 잘 놀려."

"길버트? 현관 벽에 줄리아 벨의 이름과 함께 주의라고 쓰인 그 아이야?"

"맞아. 하지만 길버트는 줄리아를 별로 좋아하지 않는 것 같아. 길버트는 반에서 1등이야."

수업 시간에 다이애나가 앤에게 살며시 속삭였다.

"네 자리에서 통로 쪽 두 번째에 앉아 있는 아이가 길버트야. 멋지지?"

앤이 다이애나가 말한 쪽으로 고개를 돌리자 큰 키에 다갈색 곱슬머리와 장난기 가득한 갈색 눈을 한 남자 아이가 입가에 비웃는 듯한 미소를 띠고 자기 앞자리에 앉은 루비의 길게 땋은 머리를 의자 등받이에 핀으로 고정시키고 있었다.

잠시 뒤 선생님에게 가려고 일어서던 루비가 비명을 지르며 뒤로 자빠지고 말았다.

길버트가 재빨리 핀을 빼더니 시치미 뗀 얼굴로 공부하는 척했고 선생님이 무서운 얼굴로 루비를 노려보자 루비는 울음을 터뜨렸다.

소동이 가라앉을 즈음 길버트는 앤 쪽을 향해 익살스러운 눈짓을 지어 보였다.

그날 오후 필립스 선생님이 뒷자리의 아이들에게 대수를 가르치는 동안 다른 학생들은 소곤거리거나 사과를 먹거나 떠들기 시작했다. 앤은 턱을 괴고 창밖 호수를 보며 상상의 세계에 빠져들었다.

길버트는 그런 앤의 시선을 자신에게 향하게 하려고 했지만 상상의 세계에 푹 빠진 앤은 전혀 알지 못했다. 결국 약이 오른 길버트는 앤의 긴 머리채를 잡아당기며 '홍당무! 홍당무!'하며 놀려댔다.

순간 앤은 분노에 찬 눈으로 길버트를 매섭게 바라본 후 잔뜩 화가 나서 눈물을 흘리며 자신의 석판으로 길버트의 머리를 내리쳤다.

"비겁하고 나쁜 자식!"

갑작스러운 소동에 놀란 필립스 선생님이 성큼성큼 걸어와 앤의 어깨를 움켜잡고 성난 목소리로 말했다.

"앤 셜리, 이게 무슨 짓이지?"

앤은 모두의 앞에서 자신이 홍당무라고 불린 것을 말할 수 없어 입을 꾹 다물었다.
"선생님, 제가 앤을 놀렸어요. 잘못했습니다."
그러나 선생님은 길버트의 말에는 아랑곳하지 않고 앤에게 명령했다.
"앤, 오후 수업이 끝날 때까지 칠판 앞에 서 있거라."
새파랗게 질린 얼굴로 앤이 칠판 앞에 서자 선생님은 다음과 같이 썼다.

앤 셜리는 화를 잘 내는 아이입니다.
앤 셜리는 화를 참는 법을 배워야 합니다.

앤은 수업 내내 칠판 앞에 서서 고개를 떨구지도 울지도 않고 있다가 수업이 끝나자 밖으로 나갔다. 앤을 기다리고 있던 길버트가 후회하는 목소리로 사과했다.
"네 머리를 가지고 놀려서 정말 미안해."
하지만 앤은 경멸하는 표정으로 뒤도 돌아보지 않고 지나갔다.
앤에게는 이 사건이 큰 상처였지만 시간이 지나면 언젠가는 잊혀질 일이었다. 하지만 다음날 또 다시 불행한 사건이 일어났다.
학생들은 점심시간에 벨 씨의 가문비나무 숲으로 가서 즐거운 시간을 보내다가 선생님이 오시는 모습을 보면 재빨리 교실로 달려가고는 했다. 보통 3분 정도 늦게 도착하게 되는데 그날따라 필립스 선생님은 자신이 돌아올 때까지 모두 자리에 앉아 있어야 하며 늦게 들어오는 학생에게는 벌을 주겠다고 했다.

하지만 아이들은 평소처럼 가문비나무 숲으로 가 노는 것에 푹 빠진 나머지 선생님이 오시는 것도 몰랐다. 뒤늦게 지미가 알려주자 앤과 남자 아이들은 재빨리 달려갔지만 선생님이 모자를 걸고 있을 때에서야 교실에 도착했다. 필립스 선생님은 숨을 헐떡이며 자리에 앉으려던 앤을 향해 말했다.

"앤 셜리, 너는 남자 아이들과 같이 있는 것을 좋아하는 듯하니 오후에는 머리에 쓴 화관을 벗고 길버트와 함께 앉아라."

빈정거리는 필립스 선생님의 말에 남자 아이들은 킥킥거리며 웃었고 다이애나는 가여운 앤의 머리에서 화관을 벗겨 주었다.

"앤, 내 말을 듣지 못했니?"

"저는 선생님께서 설마 진심으로 말씀하신 것이 아니라고 생각했어요."

"진심이니 내가 시킨 대로 해라."

앤은 부끄러움과 분노가 끓어올라 도저히 참을 수 없는 심정으로 길버트 옆에 앉아 책상 위에 두 팔을 뻗고 엎드렸다.

다른 아이들도 늦었는데 자신에게만 이런 벌을 내린 것을 참을 수가 없는데다가 남자 아이와 함께 앉아 있어야 하는 것은 더더욱 견디기 힘들었다.

수업이 끝나자 앤은 벌떡 일어나 자신의 자리에서 펜과 책, 잉크 등 소지품을 모두 꺼내 석판 위에 올렸다.

"왜 그래? 모두 집으로 가져가려고?"

"나 이제 학교 안 다닐래."

집으로 돌아가는 동안 다이애나가 물어보자 앤은 대답했다. 앤의 말에 다이애나는 진심인지 확인하기 위해 앤을 쳐다보았다.

"마릴라가 허락하실까? 그리고 난 어떡하라고?"

하지만 다이애나도 앤의 결심을 바꿀 수는 없었다.

집으로 돌아온 앤은 마릴라에게 진지한 얼굴로 더이상 학교에 가지 않겠다고 선언했다.

"마릴라, 저는 모욕을 당했어요. 그래서 안 가요. 집에서 공부하면서 착하게 굴게요. 입도 꾹 다물고 있을게요."

마릴라는 완강하게 학교 가기를 거부하는 앤의 표정을 보고 설득이 쉽지 않다는 것을 알았다.

밤이 되자 마릴라는 린드 부인을 찾아가 앤의 결심에 대해 의논했다.

"그 아이를 어떻게 해야 할까요? 학교에 보낼 때부터 무슨 일이 생길까 봐 걱정하고 있었는데 이제 어떻게 해야 할까요?"

"마릴라, 지금은 일단 앤의 기분을 맞춰주는 것이 가장 좋은 방법 같아요. 벌로 여자 아이를 남자 아이와 함께 앉게 한 필립스 선생님이 잘못했다고 생각해요."

"레이첼은 그 아이가 학교에 가지 않는 것도 좋은 방법이라고 생각하나요?"

"앤이 먼저 말을 꺼내기 전까지는 학교라는 말을 꺼내지 않으면 주말이 지날 때쯤 그 아이가 먼저 학교에 가겠다고 할 테니 두고 봐요. 만약 억지로 아이를 학교에 보내면 그 아이라면 어떤 소동을 일으킬지 몰라요."

마릴라는 린드 부인의 충고대로 앤에게 학교에 가라는 말을 하지 않았다. 그러자 앤은 공부를 하거나 부엌일을 돕거나 다이애나와 노는 등 하루하루를 지냈다. 그 사이 길거리에서 앤과 만나게 된 길버트가 어떻게든 기분을 풀어주려고 노력했지만 앤은 평생 길버트를 미워하겠다는 결심을 한 것처럼 쌀쌀맞은 태도를 보였다.

비극으로 끝난 앤의 초대

10월이 되자 초록 지붕의 집 주위가 황금색과 진홍색으로 아름답게 물들었다.

토요일 아침, 앤이 단풍나무 가지를 한아름 안고 들어오는데 마릴라가 불렀다.

"앤, 나는 오후에 카모티에서 후원회 모임이 있으니 네가 매슈와 제리의 저녁 식사 준비를 해다오. 이번에는 식탁에 앉은 다음에야 차를 끓이지 않았다는 것을 깨닫는 실수는 하지 말아야 한다."

"그때는 정말 죄송했어요. 제비꽃 골짜기의 이름을 생각하느라 다른 일을 죄다 잊어버렸어요. 그래도 매슈 아저씨는 조금도 야단치지 않고 기다렸다 마셔도 된다고 해주셨어요."

"그야 매슈 오빠는 네가 미안해할까 봐 그런 것이고. 오후에는 다이애나를 초대해서 차를 대접해도 된단다."

"어머, 너무 근사해요. 제가 원하는 것을 정말 잘 알고 계시다니…… 저에게도 손님이 오는군요. 차 끓이는 일은 잊지 않을게요."

"버찌 설탕 절임을 먹어도 괜찮아. 과일이나 케이크, 쿠키를 먹어도 좋고. 찬장 두 번째 칸에 딸기주스가 절반 정도 남아 있으니 둘이 마셔도 된단다."

앤은 너무 기뻐하며 한달음에 다이애나에게 달려가 차를 마시러 오라고 초대했다.

마릴라가 마차를 타고 떠나자마자 다이애나가 가장 예쁜 외출복을 입고 도착했다.

평소에는 부엌문은 두드리지도 않고 뛰어들어오던 다이애나가 현관문을 점잖게 두드리자 역시 얌전하게 옷을 차려 입은 앤도 점잔 빼며 문을 열었다.

두 사람은 처음 만난 것처럼 정중하게 악수를 한 뒤 거실 쇼파에 앉아 그럴듯하게 서로에게 인사를 건넸다. 마치 연극을 하는 듯한 행동이었다.

서로 안부를 물으며 인사를 나누던 두 사람은 어느 순간 평소로 돌아와 즐겁게 대화를 나누었다.

"다이애나, 과수원에 가서 사과를 따 먹자. 마릴라가 차 마실 때 과일이 든 케이크와 버찌 설탕 졸임 그리고 딸기주스를 먹어도 된다고 하셨어. 나는 딸기주스가 좋아."

두 사람은 과수원에서 사과를 따 먹거나 푸른 풀밭에서 마음껏 재잘거리며 놀았다. 다이애나는 학교에서 일어난 일을 전부 앤에게 알려주었는데 자꾸 길버트의 이름이 나오자 앤은 기분이 나빠져 집으로 돌아가 딸기주스를 마시자고 했다.

집으로 돌아와 딸기주스를 꺼내려고 찬장을 여니 두 번째 칸이 아니라 맨 위에 있었다.

"난 사과를 많이 먹어 지금 마시고 싶지 않아. 그렇지만 너는 마음대로 마셔도 돼."

다이애나는 컵에 주스를 가득 따른 후 예쁜 붉은 빛에 감탄하며 품위 있게 마셨다.

"굉장히 맛있어. 딸기주스가 이렇게 맛있는 줄 몰랐어. 이렇게 맛있는 딸기주스는 처음이야. 레이첼 아주머니가 자랑하던 딸기주스보다 맛있고 맛도 전혀 달라."

두 잔째 딸기주스를 마시며 감탄하는 다이애나에게 앤은 더 마실 것을 권했다.

"나도 마릴라가 만드신 딸기주스가 훨씬 맛있을 거라고 생각해. 마릴라의 요리 솜씨는 유명해. 나에게도 가르쳐주려고 했는데 요리는 정말 힘든 거 같아. 글쎄 과자를 만들 때 밀가루 넣는 것을 잊어버렸지 뭐야. 어머? 다이애나 왜 그래?"

다이애나가 비틀거리며 일어섰다가 곧 머리를 만지며 그대로 주저앉았다. 그러고는 숨쉬기 곤란한 듯 헐떡이며 말했다.

"지금 기분이 너무 좋지 않아. 이상하게 어지러워. 집에 가야겠어."

"아직 차도 마시지 않았는데? 과일이 든 케이크와 버찌 설탕 절임만이라도 먹고 가."

"아니야. 가야겠어. 너무 어지러워."

다이애나가 말리는 앤을 뿌리치고 비틀거리며 자리에서 일어서자 실망한 앤의 눈에 눈물이 고였다.

어쩔 수 없이 다이애나를 밸리 가의 뒷마당까지 바래다 준 뒤 앤은 울면서 초록 지붕의 집으로 돌아와 남은 딸기주스를 찬장에

넣고 힘없이 매슈와 제리의 차를 준비했다.

월요일 오후 마릴라의 심부름으로 린드 부인의 집에 갔던 앤은 눈물을 뚝뚝 흘리면서 돌아왔다.

"앤, 무슨 일이니?"

"린드 아주머니가 오늘 밸리 아주머니 댁에 갔는데 밸리 아주머니께서 제가 토요일에 다이애나를 술에 취하게 했다고 몹시 화를 내고 계시더래요. 제가 나쁜 아이라 이제 다시는 다이애나와 놀게 하지 않을 거라고도 하셨대요."

"다이애나를 취하게 했다고? 대체 그 아이에게 무엇을 마시게 했는데 그러니?"

"딸기주스요. 딸기주스를 큰 컵에 3잔 마시기는 했지만 그걸로 취할지는 몰랐어요."

앤의 말에 마릴라는 거실 찬장에 가서 병을 살펴본 뒤 그것이 직접 담근 포도주인 것을 알아차렸다.

마릴라는 웃음을 참으며 그 병을 들고 부엌으로 돌아왔다.

"앤, 너는 소동을 일으키는데는 천재로구나. 네가 다이애나에게 준 것은 딸기주스가 아니라 포도주였어."

"전 마시지 않아 몰랐어요. 저는 정말 정성껏 다이애나를 대접했는데 다이애나는 기분이 좋지 않다고 집으로 돌아가겠다고 했어요. 집에 간 다이애나는 밸리 아주머니가 어떻게 된 거냐고 물어봐도 바보처럼 웃기만 하고 몇 시간 동안 잠만 잤대요. 그리고 다이애나의 몸에서 술 냄새가 나 밸리 아주머니는 술에 취한 것을 알았고 다이애나는 어제 하루 종일 두통에 시달렸대요. 그래서 밸리 아주머니가 몹시 화가 나셨대요."

"큰 컵에 세 잔이나 마시는 먹보 다이애나에게도 벌을 줘야 할 거 같은데. 그게 술이 아니라 딸기주스라 해도 그렇게 많이 마시면 기분이 나빠졌을 거야. 이제 그만 울거라. 난 네가 나쁜 아이라고 생각하지 않아."

"하지만 마릴라, 이제 저는 다이애나와 영원히 헤어져야 하는 걸요."

"바보 같은 소리 하지 말아라. 밸리 부인도 너에게 잘못이 없는 것을 알면 생각이 달라질 거야. 지금은 네가 어처구니없는 장난을 쳤다고 생각해서 그런 것이니 오늘 저녁에 가서 사정 이야기를 하마."

그날 저녁 다이애나의 일에 대한 오해를 풀기 위해 밸리 가에 갔던 마릴라가 어두운 표정으로 돌아왔다.

"마릴라, 밸리 아주머니가 용서하시지 않은 거군요."

"그렇게 지독하게 사리분별이 안 되는 여자는 본 적이 없어. 실수였을 뿐 일부러 다이애나에게 포도주를 먹인 것이 아니라고 아무리 이야기해도 도무지 알아듣지를 못하더구나. 그래서 나도 남에게 한꺼번에 3잔이나 먹이기 위해 포도주를 담근 것이 아니고 내 아이가 그런 먹보였다면 손바닥으로 때려서라도 정신 차리게 했을 거라고 말해주었단다."

마릴라가 부엌으로 가자 심란해진 앤은 생각에 잠겼다. 그리고 곧 결심한 얼굴로 밸리 가로 가 문 앞에 섰다.

노크를 하자 밸리 부인이 문을 열더니 앤을 발견하고 차가운 목소리로 말했다.

"무슨 일이니?"

"용서해주세요. 다이애나를 취하게 할 생각은 정말 없었어요. 단 한 명뿐인 마음의 친구를 일부러 취하게 하는 사람이 어디 있겠어요? 저는 그게 딸기주스인 줄 알았어요. 부디 다이애나와 놀지 못하게 하겠다는 말씀은 말아주세요."

앤의 진심을 담은 말에도 밸리 부인은 더 화를 내며 사정없이 꾸짖었다.

"너는 다이애나의 친구로는 어울리지 않는다고 생각해. 어서 집으로 돌아가거라."

"그럼 한 번만 다이애나를 보게 해주세요."

"다이애나는 아버지와 함께 카모티에 가서 지금 없다."

마지막 희망마저 사라져버리자 앤은 힘없이 집으로 돌아왔다.

"아주머니, 저의 마지막 희망이 사라졌어요. 직접 밸리 아주머니를 만났지만 저에게 정말 심한 말을 하셨어요. 이젠 기도하는 것 외에는 방법이 없어요. 그렇지만 기도가 오해를 푸는 데 도움이 될 거란 생각은 안 들어요."

그날 밤 마릴라는 자기 전에 살며시 앤의 방으로 가 살펴보았더니 울면서 잠들어 있었다. 그 모습에 마릴라는 살짝 앤의 뺨에 키스하며 다정한 목소리로 말했다.

"가엾어라."

포도주를 마신 다이애나

알코올 발효와 젖산 발효

앤은 드디어 에번리 마을에서 살게 된다. 매슈와는 달리 앤을 탐탁치 않아하던 마릴라도 점차 앤의 독특하지만 밝고 명랑한 성격에 은근 끌리게 된다.

이제 앤은 에번리 마을의 초록 지붕 집 아이로 불리게 되었다. 그리고 둘도 없는 영혼의 친구 다이애나를 만나게 된다.

이때까지만 해도, 앤의 삶은 모든 게 순조롭게

흘러가는 것 같았다. 그러나 이제 막 희망에 젖은 작은 소녀에게 행운의 여신은 다시 한 번 짓궂은 장난을 친다.

앤이 딸기주스로 착각하고 내놓은 포도주를 전부 마셔버린 다이애나가 술에 취해 집으로 돌아간 사건 때문이었다.

앤은 다이애나의 어머니로부터 큰 꾸지람을 듣고 다시는 다이애나와 놀지 못하게 한다는 청천벽력 같은 소리를 전해 듣는다.

희망과 절망 사이에서 고군분투하는 앤의 모습은 안타까움과 연민을 자아내면서도 한없이 순수하고 귀여운 모습에 절로 웃음이 나온다. 앤을 깊은 절망 속으로 몰아넣은 포도주! 그 포도주에도 과학의 원리는 숨어 있다.

발효의 과학

술은 인류가 개발한 최초의 음료수라는 말이 있을 정도로 깊은 역사를 지닌 음식이다. 인류는 문명이 시작된 이래로 술을 빚어 마셔왔다.

또한, 술이 만들어지는 발효의 원리를 알기 전부터 술의 특성을 잘 알고 있었다.

술을 만드는 방법으로는 발효, 증류, 재제(再製: 술에 재료를 넣어 우려내는 방식) 방식이 있다. 이 중 최초의 주조방법은 '발효'다.

과일이나 곡류의 잘못된 보관으로부터 우연히 발견된 것이 발효라는 설이 있으나 정확한 기원은 알 수 없다. 발효는 여러 식재료를 통해 다양한 방식으로 발생하기 때문이다.

발효 과정에 핵심적인 역할을 하는 것은 효모^{Yeast}, 박테리아^{bacteria}, 곰팡이^{fungi}와 같은 미생물들이다.

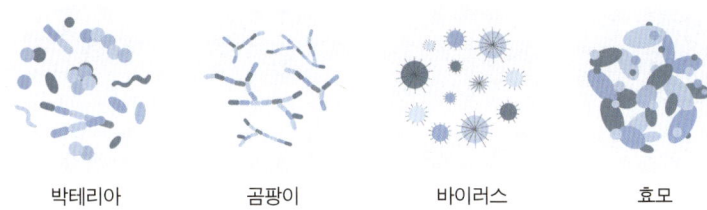

박테리아   곰팡이   바이러스   효모

특히 술과 빵을 만드는데 있어서는 효모^{Yeast}의 역할이 아주 중요하다.

효모는 약 1500여 종이 있는 것으로 알려져 있으며 균류에 속하는 진핵 미생물(진핵이 있는 미생물)이다.

1680년 네덜란드의 과학자인 안톤 반 레벤후크 Anton van Leeuwenhoek가 최초로 발견했으며 살아 있는 미생물로서의 기능과 특징이 있다는 사실은 1859년, 프랑스의 미생물학자인 루이 파스퇴르 Louis Pasteur가 밝혀냈다.

효모는 당을 분해하여 에너지를 얻기 때문에 과일 열매나 꽃, 나무껍질 등 당분이 많은 곳에 산다.

발효는 산소가 없는 환경에서, 효모가 분비하는 효소로 당을 분해하여 다른 물질로 변환하는 과정이다.

발효는 동물조직 내에서도 발생한다. 그 대표적인 것이 해당과정이다. 해당과정은 동물 조직 내의 세포질 안에 포도당이 피루브산 pyruvic acid으로 변화하게 되는 것을 말한다.

다시 말해, '해당과정'은 분자의 크기가 큰 포도당을 잘게 잘라서 세포에 흡수되기 더 적합한 피루브산$^{pyruvic\ acid}$으로 만드는 과정이다.

해당 과정을 통해 만들어진 피루브산$^{pyruvic\ acid}$은 산소가 없는 환경에서 알코올 발효와 젖산 발효의 과정을 거친다. 이 두 반응의 차이점은 발효 후 생성물이 다르다는 것이다.

알코올 발효

알코올 발효는 생물의 2대 발효 중 하나로, 효모에 의해 아세트알데히드를 거쳐 에탄올(알코올)과 이산화탄소를 생성한다.

일반적으로 술은 알코올 발효를 통해 얻은 에탄올(알코올)이 주성분이지만 에탄올과 함께 발생하는 이산화탄소는 증발하여 사라진다.

하지만 샴페인과 같은 술은 일부러 이산화탄소를 이용하여 기포가 발생하도록 만들기도 한다.

이와는 반대로, 동일한 과정인 알코올 발효를 통해 에탄올과 이산화

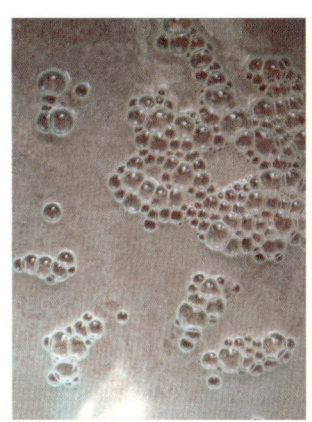

이산화탄소를 이용해 기포를 발생시키고 있는 알코올 발효.

탄소를 얻지만, 이산화탄소의 역할이 더 많이 요구되는 발효도 있다.

그것은 바로 제빵이다. 발효 빵을 만드는 데 있어 효모의 역할은 매우 중요하다. 술과 마찬가지로 제빵과정에서도 효모는 알코올 발효를 통해 알코올과 이산화탄소를 만든다.

하지만 빵을 만드는 과정에서는 알코올 성분은 모두 날아가 버리고 이산화탄소만 남게 된다. 이산화탄소는 빵을 부풀게 하여 풍미가 좋고 맛있는 빵이 되도록 도와준다.

젖산 발효

생물의 2대 발효 중 또 하나는 락트산 발효, 유산 발효라고도 부르는 젖산 발효다.

젖산 발효는 동물조직과 인체에서도 발생한다. 우리 몸을 이루는 모든 세포에는 ATP라고 하는 에너지 저장소가 있다. ATP는 호흡에 의해 생성되어 우리 몸의 에너지원으로 사용된다.

산소가 우리에게 절대적으로 중요한 이유다. 우

리 몸의 에너지를 생성하는 핵심 연료가 되기 때문이다.

우리 몸은 과격한 운동을 할수록 에너지원인 ATP 공급을 더 많이 필요로 하게 된다.

하지만 몸 안으로 들어오는 산소의 양보다 필요한 ATP가 더 많을 때는, 부족한 산소를 더 빨리 보충하기 위해 숨을 헐떡이게 된다. 많은 양의 산소를 빠른 시간 안에 들여보내 ATP를 생성하기 위한 신체의 노력인 것이다.

그런데도 계속 충분한 산소가 몸으로 유입되지 않을 때, 우리 몸은 플랜B를 가동하기 시작한다. 그것은 산소 없이도 에너지를 만들어 내는 '무산소 호흡'이다.

바로 이 무산소 호흡이 우리 몸에서 발생하는 젖산 발효다. 치즈나, 요구르트, 김치와 같은 식품에서 일어나는 젖산 발효의 작용이 우리 몸에서도 일어나는 것이다.

우리의 근육 안에는 포도당으로 만들어진 글리코겐^{glycogen}이 저장되어 있다. 산소가 부족해진 우리의 몸은 부족한 에너지 공급원을 호흡을 통해 들어오는 산소가 아닌, 근육에서 찾는다.

근육 속의 글리코겐을 이용하여 에너지원인 ATP를 얻고 이 과정 속에서 글리코겐은 피루브산으로 분해된다.

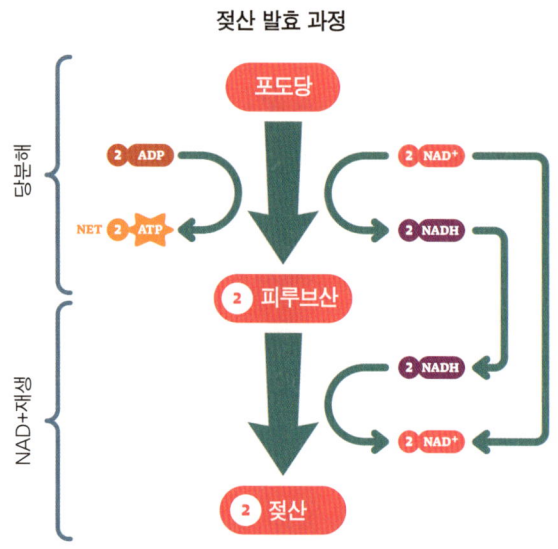

이것은 모든 생물의 세포에서 발생하는 세포호흡의 한 과정으로 앞서 말한 '해당과정'이라고 한다.

젖산 발효는 해당과정을 통해 발생한 피루브산이 환원되어 젖산이 되는 것을 말한다.

요약하자면, 우리 몸은 APT를 생성하는데 필요한 산소가 부족해질 때, 근육 안에 있는 글리코겐을 원료로 해당과정을 통해 에너지원인 APT를 얻고 부산물로 젖산을 만들어낸다.

이렇게 만들어진 젖산은 근육에 축적되어 통증과 피로감을 유발한다. 이때 발생하는 통증과 피로감은 혈액을 타고 다시 간으로 이동한 젖산이 피루브산으로 전환되면서 점점 해소되기 시작한다.

결국, 심한 운동으로 발생하는 통증과 피로감은 열악한 상황을 극복하기 위한 인체의 노력에서 비롯된 것이다. 에너지를 만들기 위해 끊임없이 방법을 찾고 작용하는 인체의 신비함에 다시 한 번 놀라게 된다.

포도주를 금속항아리에 담으면 안 되는 이유

유대인의 고전 탈무드에서는 행색이 허름한 랍비를 무시하다 랍비가 알려준 대로, 금속 항아리에 술을 담가 모두 상하게 만드는 공주의 일화가 등장한다.

 발효의 원리를 잘 모르고 있었던 공주는 랍비가 알려준 대로, 질그릇 항아리에 담긴 술을 금과 은으로 만든 항아리에 옮겨 담는다.

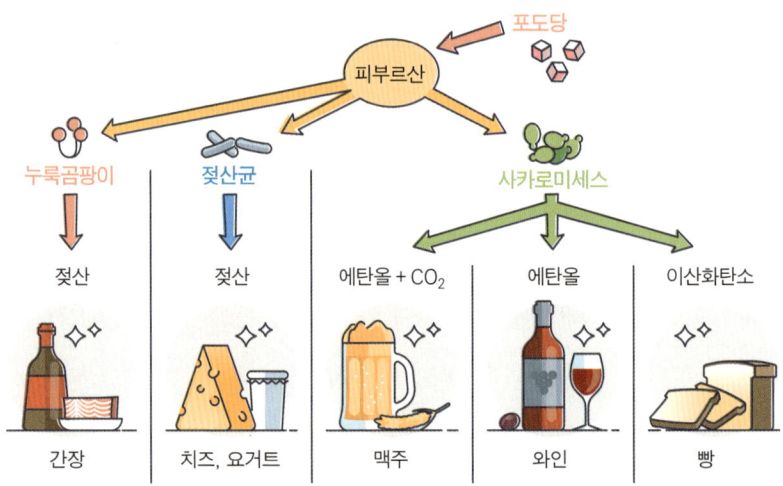

효모의 발효 과정

 그러자 모든 술맛이 변해버리고 부패해 버린다. 왜 이런 일이 발생한 것일까?

 인간은 에너지를 얻기 위해서 반드시 산소가 필요하지만, 미생물은 산소가 없는 환경에서도 소량이지만 에너지를 얻고 성장할 수 있다.

미생물의 종류에 따라서 반드시 산소가 필요한 호기성 미생물과 산소가 필요 없는 혐기성 미생물이 있다.

때로는 산소의 유무에 상관없이 잘 성장하는 미생물도 있는데 그중 하나가 술을 발효시키는데 중요한 역할을 하는 효모이다.

효모^{Yeast}는 산소와 당이 있는 환경에서 성장하나 산소가 없는 환경에서도 에너지를 얻어 살아갈 수 있다. 효모가 산소가 없는 상태에서 에너지를 얻는 방법이 '발효'다.

결국 발효는 효모를 포함한 미생물이 깊은 해저나 땅 밑처럼 산소가 없는 환경에서도 에너지를 얻고 생장할 수 있는 생존방법 중 하나인 것이다.

효모를 발효시킬 때, 용기의 뚜껑을 덮어두는 이유는 효모가 무산소 호흡을 하도록 유도하기 위해서다.

효모에 의해
발효되고 있는 과정.

  술의 발효과정에는 미세한 변수가 많다. 술의 맛은 발효시키는 장소, 온도, 습도, 담는 용기에 따라 달라질 수 있다.

  술맛을 결정하는 것 중 하나는 적정한 온도이다. 술의 발효에 알맞은 온도는 효모가 가장 활발하고 안정적으로 활동하는 30도 이하다.

  포도주나 술을 보관하는 전용 창고가 조금은 서늘한 곳에 있는 이유도 적정한 온도를 유지하기 위해서다. 발효과정에서 온도가 너무 높으면 술이 부패할 수 있다.

  탈무드 이야기 속에서 술맛이 변한 이유 중 하나는 공주가 술 항아리를 햇볕이 잘 드는 정원에

놓아두었기 때문이다. 햇볕을 받은 금속 항아리는 온도가 더 빠르게 올라간다.

술을 빚을 때, 항아리 안의 온도가 너무 높으면 오히려 효모가 성장하지 못하고 죽어버려 부패해버린다.

미생물은 40도 이상이 되면 활동력이 저하되고 더 고온이 되면 사멸할 수도 있다.

발효 과정에 영향을 미치는 요소 중 두 번째는, 적절한 산소공급이다. 알코올 발효가 이루어진 술에 산소가 공급되면 아세트산 발효가 일어날 수 있다.

'초산발효'라고도 하는 아세트산 발효는 산소가 필요 없는 무기호흡인 알코올 발효나 젖산 발효와는 다르게 호기성 미생물(공기나 산소가 있어야 살 수 있는 미생물)인 아세트산균에 의한 산화^{酸化} 발효 중 하나이다.

아세트산균은 공기 중 산소를 이용하여 에탄올(알코올)을 아세트산으로 만든다. 쉽게 말하자면, 술이 식초가 되어버리는 것이다.

그래서 술을 발효시킬 때는 절대 뚜껑을 열어

보면 안 된다. 마음이 바뀌어서 식초를 만들고 싶을 때만 빼고 말이다.

발효주는 효모의 화학적 변화와 생장을 위해서 매우 까다로운 산소공급이 필요하다. 효모가 발효할 때는 산소가 필요 없지만 미생물인 효모의 생장을 위해서는 적절한 산소가 공급되어야 한다. 산소가 있는 환경에서 효모는 더 빨리 성장한다. 효모가 잘 성장해야 발효도 잘 이루어질 수 있다.

술은 효모의 성장과 발효의 속도를 적절히 조율해야 성공할 수 있는 매우 과학적이고 정밀한 작업이다. 이 과정을 '병행복발효'라고 하며 한국의 전통 발효주에서 많이 볼 수 있다.

아세트산균은 공기 중 산소를 만나면 식초가 된다.

막걸리는 전통 발효주이다.

술을 발효시키고 저장할 때, 표면에 미세한 구멍이 뚫려 있는 질그릇 항아리나 참나무통(오크통)에 보관하는 데는 이런 이유가 있다.

질그릇 항아리와 참나무통은 술이 발효와 숙성되기에 알맞은 온도와 습도를 제공한다. 이뿐만 아니라 외부 공기가 미세한 구멍을 통해 적절히 순환되면서 산소를 공급하여 효모가 당을 먹이로 잘 성장할 수 있도록 도와 부패를 막아준다.

또한 뚜껑을 덮어 두면 산소공급을 적당히 막아 효모가 발효할 수 있는 최적의 조건을 만들어 준다.

막걸리를 발효시키고 있는 항아리들.

그러나 금과 은을 포함한 금속으로 만든 용기는 술을 자연 발효시키기 어렵다. 금속 용기는 산소가 통하지 않아 효모의 성장과 발효의 밸런스를 맞출 수 없으며 산과 반응해 부식이 일어날 수도 있다.

발효는 부패와 큰 차이가 없다. 하지만 '발효'와 '부패'를 가르는 가장 큰 차이점은 '유익균'과 '유해균'이다. 인간의 건강에 이로움을 주는지 아니면 병을 주는지에 대해 따라 '유익균'이냐 '유해균'이냐가 결정되는 것이다.

포도주나 약주 등이 적당량을 마셨을 때는 소화를 돕고 몸에 좋은 영향을 미치는 것도 바로 이러한 유익균의 영향이라고 볼 수 있다.

미래 신재생 에너지 '바이오 에탄올'

당을 발효시켜 에탄올(알코올)과 이산화탄소를 만들어 내는 과정은 햇빛을 받아 물과 이산화탄소만으로 녹말을 생성하는 광합성의 과정만큼이나 지구가 인간에게 선사해주는 최고의 선물이다.

 발효를 통해 얻어지는 '에탄올'은 음식 분야뿐만 아니라 의약과 에너지 분야에서도 사용된다.

 '바이오 에탄올'은 화석연료로 인해 자원고갈, 기후변화, 환경오염 등의 문제를 안고 있는 에너지 분야에서 새로운 대안 중 하나로 주목받고 있는 미래 신재생 에너지다.

 '바이오 에탄올'의 장점은 화석연료를 태울 때 발생하는 이산화탄소(CO_2), 메탄(CH_4), 아산화질소(NO_2) 등의 환경오염 물질이 배출되지 않으며 재생 가능한 식물에서 추출된다는 점이다.

 주로 사탕수수, 보리, 옥수수, 감자 등과 같은 작물을 발효시켜 만드는 '바이오 에탄올'은 미국과 브라질 등 풍부한 식물 자원을 확보할 수 있는 국가를 중심으로 활발히 사용되고 있다.

 '바이오 에탄올'의

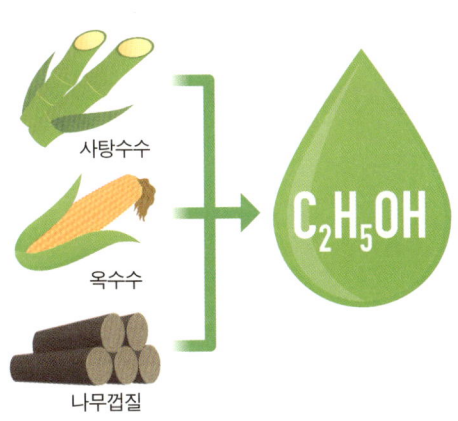
전분계와 목질계 원료로 만들어지는 바이오 에탄올.

사용은 주로 자동차 연료라고 한다.

관련 작물의 원활하지 못한 공급과 복잡한 공정 과정 때문에 아직은 일부 국가에서만 사용되고 있는 실정이지만 환경오염을 줄일 수 있는 청정한 미래 에너지 자원으로서의 가능성은 매우 기대되고 있다.

생명을 구한 앤

해가 바뀌어 1월이 되었다. 샤로트 타운에서 국민 대회가 열리기로 한 어느 날. 마릴라와 린드 부인을 비롯한 애번리 마을 사람들 대부분이 대회에 참석하기 위해 그곳으로 갔다.

처마 끝에 고드름이 열리고 매서운 바람 소리가 들리는 매운 추운 날이었다. 활활 타오르는 스토브 앞에 앉아 매슈는 농업 잡지를 읽다가 꾸벅꾸벅 졸기 시작했고 앤은 공부를 하고 있었다.

더 이상 다이애나와 놀지 못하게 된 앤은 다이애나를 보기 위해 다시 학교에 다니기 시작한 상태였다.

"매슈 아저씨도 기하 공부를 하신 적 있으세요?"

"글쎄다. 아니 없단다."

"매슈 아저씨도 배웠다면 지금 제가 얼마나 힘든지 아셨을 텐데…… 이것은 제 인생의 먹구름 같아요. 정말 딱 질색이에요."

"설마. 너는 무슨 일이든 훌륭하게 해내잖니. 요전에 필립스 선생님을 카모티의 블레어 상점에서 만났는데 네가 학교에서 제일 머리가 좋은 아이이고 성적도 놀라울 만큼 올라갔다고 하셨단다."

"제가 가까스로 정리를 외우면 선생님은 문제를 바꿔 전혀 다른 문제를 내세요. 그럼 제 머릿속은 금세 혼란에 빠져요. 저 잠깐 지하실에 내려가 사과를 조금 꺼내와도 될까요? 아저씨도 드시고 싶으시죠?"

"그래, 나도 먹고 싶구나."

앤이 접시 가득 사과를 담아 지하실에서 올라오자 문 밖에서 황급한 발자국 소리가 들려왔다. 그리고 곧 문이 열리더니 새파랗게 질린 다이애나가 숨을 헐떡이며 들어왔다.

"무슨 일이야, 다이애나? 드디어 엄마가 용서해주신 거야?"

"앤, 미니메이가 몹시 아파. 메어리가 후두염에 걸린 걸로 보인대. 그런데 아빠엄마 모두 시내에 가시고 안 계셔. 의사 선생님을 모시러 갈 사람이 없어서 메어리는 어떻게 해야 할지 모르겠대. 난 너무 무서워."

"매슈 아저씨가 의사 선생님을 모시러 카모티에 가실 거야."

매슈가 말없이 모자를 쓰고 뒷마당으로 나가는 동안 앤도 나갈 채비를 하며 말했다.

"카모티에도 의사 선생님이 없을지도 몰라. 블레어 선생님과 스펜서 선생님 모두 국민 대회 때문에 시내에 가 계실 테니까. 어쩌면 좋지?"

"다이애나, 후두염이면 어떻게 해야 하는지 내가 알아. 하먼드 이모 댁 세 쌍둥이가 모두 차례로 후두염에 걸려서 돌본 경험이 있거든. 가래를 토해내게 하는 약을 가져올 테니 잠깐 기다려줘."

이제 세 살인 다이애나의 동생 미니메이는 몹시 위독한 상태였다. 높은 열과 거친 숨소리가 집 안에 울려 퍼지고 있었다.

앤은 익숙하게 처리해나가기 시작했다.

"미니메이는 후두염이 분명하고 상태가 꽤 심각하지만 할 수 있는 데까지는 해봐야지. 우선 뜨거운 물이 많이 필요해. 메어리, 난로에 장작을 지펴주세요. 다이애나는 내가 미니메이의 옷을 벗겨 침대에 눕히는 동안 부드러운 천을 찾아와. 먼저 가래 토하는 약부터 한 모금 마시게 하자."

좀처럼 약을 먹으려고 하지 않는 미니메이를 달래서 앤은 꽤 여러 번 약을 먹일 수 있었다. 그 후 두 소녀는 쉴 새 없이 간호했고 메어리도 옆에서 열심히 난로에 장작을 지폈다.

 매슈가 의사 선생님을 모셔온 것은 새벽 3시경이 되었을 즈음이었다. 하지만 그때는 모든 응급조치가 끝나고 미니메이도 한결 편안해진 얼굴로 푹 잠들어 있었다.

 "처음에는 너무 위독해 보여 가망이 없다고 단념했었어요. 하먼드 이모의 쌍둥이들보다 상태가 더 나빴거든요. 병에 든 마지막 약을 다 먹였을 때는 이것이 마지막 희망 줄인데 가망 없는 것이 아닐까 싶더라구요. 그러고 30분쯤 지나서 미니메이가 기침과 함께 가래를 토해내더니 한결 숨이 편안해졌어요. 그 모습에 제가 얼마나 안심이 되었는지는 의사 선생님의 상상에 맡길게요."

 의사 선생님은 앤의 설명을 들으며 무언가 생각하는 듯하면서도 몇 번이고 고개를 끄덕거렸다.

 후에 밸리 부인을 만난 의사 선생님은 앤을 칭찬했다.

 "커스버트 씨 댁의 앤이라는 여자 아이는 정말 훌륭한 아이예요. 아기의 목숨을 구한 사람은 그 아이랍니다. 내가 이곳에 도착했을 때는 이미 늦었을 테니까요."

 하얀 서리가 내린 새벽길을 걸어 집에 도착한 매슈는 앤이 얼마나 피곤한지 보여 푹 자도록 했다.

 푹 자고 오후가 되어서야 눈을 뜬 앤은 부엌에서 뜨개질을 하고 있는 마릴라를 보았다.

"어서 식사하렴. 배가 몹시 고프겠다. 매슈 오빠에게 어젯밤 일은 들었어. 정말 다행이구나. 저런저런. 네가 어젯밤 이야기를 하고 싶어서 참지 못하고 있다는 것은 알고 있지만 먼저 식사부터 하렴."

앤이 식사를 마치길 기다린 마릴라는 다시 말을 시작했다.

"정오가 좀 지나서 밸리 부인이 다녀갔단다. 미니메이를 구해 줘서 정말 고맙다고 하시더구나. 포도주 사건으로 너에게 무례하게 대한 것도 미안하고 다시 다이애나와 사이좋게 지내달라고 하셨단다. 그리고 오늘 저녁 식사에 널 초대했단다. 다이애나가 너무 지독한 감기에 걸려 바깥에 나올 수가 없다고 해."

"아아, 마릴라 지금 당장 가도 돼요? 접시를 씻지 않아도 될까요?"

"괜찮으니 얼른 뛰어가렴. …… 저런, 뭐라도 좀 입고 가지 모자도 외투도 걸치지 않고……."

그날 저녁 춤을 추면서 돌아온 앤은 만족스러운 얼굴로 이야기를 쏟아냈다.

"마릴라, 저는 지금 너무너무 행복해요. 밸리 아주머니는 저에게 키스하며 우셨고 사과도 하셨어요. 또 가장 좋은 찻잔을 꺼내

차를 대접해주셨어요. 다이애나와는 태피를 만들며 유쾌한 시간을 보냈고 집으로 돌아올 때는 자주 놀러오라고도 해주셨어요. 마릴라, 오늘 저녁이야말로 기도하고 싶은 밤이에요."

미니메이를 응급처치한 앤

급성후두염

포도주 사건으로 다이애나와 헤어지게 된 앤은 다이애나를 그리워한다.

그러던 어느 날, 다이애나의 어린 동생 미니메이가 심한 고열로 쓰러져 앤은 오랫동안 아이들을 돌봐왔던 경험을 살려 미니메이를 돌봐준다.

이것을 계기로 밸리 부인은 앤에 대한 오해를 풀고 다이애나와 다시 만나는 것을 허락한다.

그렇다면 다시 다이애나와 만날 수 있게 해준

미니메이의 후두염은 어떤 질환일까? 크루프라고도 불리는 후두염에 대해서 알아보자.

크루프

쿠루프^{croup}는 급성 폐쇄성 후두염으로 6개월에서 6세 사이의 어린아이들에게 주로 발생하는 급성 호흡기 질환이다.

크루프의 원인은 후두의 염증을 유발하는 바이러스, 세균감염, 알레르기, 이물질 등이며 가장 대표적인 원인으로는 바이러스에 의한 감염이다.

그중에서도 약 75%가 파라인플루엔자 바이러스$^{parainfluenza\ virus}$ 감염으로 나타난다. 이 외에도 아데노바이러스, 인플루엔자바이러스, 홍역, 등에 의해서도 발생할 수 있다.

크루프는 후두에 발생한 염증으로 인해 후두 점막이 부어오르고 부은 후두 점막은 기도를 막아 기도가 좁아지는 현상을 일으킨다.

상대적으로 기도가 좁은 영, 유아들의 경우, 기도의 넓이가 반절로 줄면 공기저항은 4배가 된다. 공기저항이 높아지면 기도를 흐르는 공기의 흐름이 원활하지 않아 호흡이 힘들어진다.

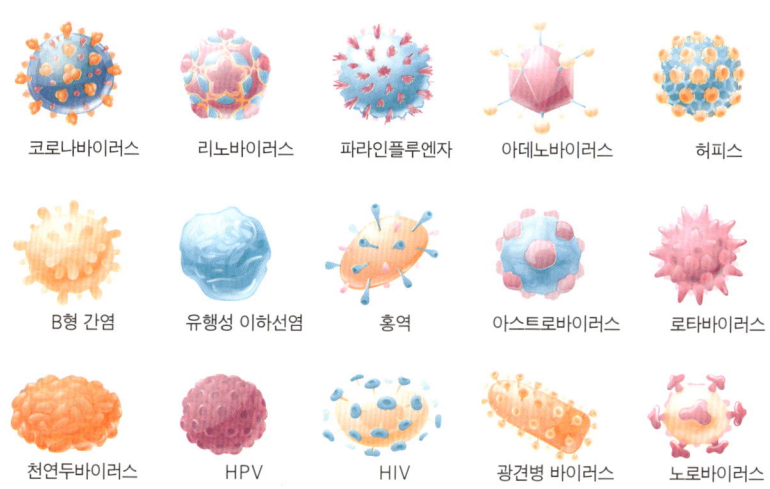

다양한 바이러스 종류들.

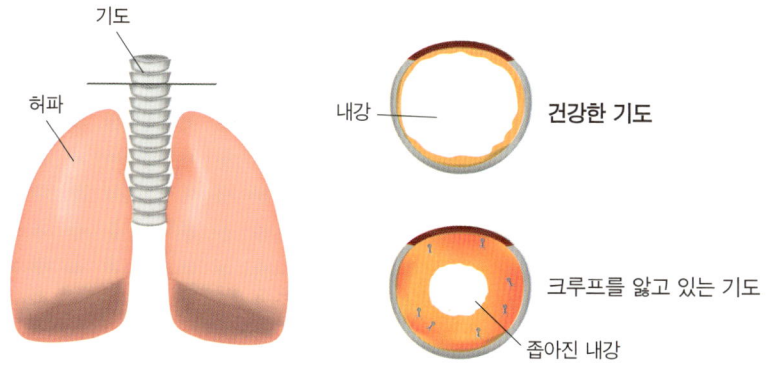

쿠루프는 하나의 증상이라기보다 후두 부위를 포함하여 염증이 발생한 부위에 따라 나타나는 다양한 질환을 전부 포괄하는 용어로, 크루프에 포함되는 질환은 다음과 같다.

① 후두염 laryngitis   ② 후두기관염 laryngotracheitis
③ 후두기관기관지염 laryngotracheobronchitis
④ 후두기관지폐렴 laryngotracheobronchopneumonitis
⑤ 연축크루프 spasmodic croup   ⑥ 급성후두개염 epiglottitis

이 중에서도 급성후두개염은 주로 세균감염에 의해 발생하며, 증상이 매우 심한 편으로 급성 호흡곤란증을 동반한다고 한다.

바이러스 감염에 의한 크루프인 경우, 대부분 48시간 내에 증상이 좋아지며 일주일 내로 완전히 회복된다.

하지만 약 20% 정도의 환자는 입원치료를 해야 하는 경우도 있다고 한다.

바이러스 감염에 의한 크루프 증상은 콧물, 가벼운 기침, 미열 등의 감기증상이 나타나며 1~3일 후에 목소리가 쉬고 개가 컹컹 짖는 듯한 기침

barking cough, 들숨에 의한 협착음^{stridor}, 쇳소리, 호흡곤란 등이 발생한다.

주로 늦가을에서 겨울철에 발병하며 밤에 증상이 더 심해진다. 중증인 경우 심한 호흡곤란으로 눕지 못하고 축저지기도 한다.

앤이 미니메이에게 처치한 방법은 19세기 후반의 의료환경에서는 매우 현명하고 과학적인 방법이었다. 크루프의 치료 중 가장 중요한 것은 호흡곤란과 저산소증을 막는 것이다.

후두염의 응급처치와 이피칵 ^{ipecac}

앤이 다이애나의 집에 도착했을 때, 미니메이는 열이 나고 거친 숨소리가 집 전체에 들릴 정도로 힘겹게 숨을 쉬고 있었다.

경험적으로 미니메이의 증상이 후두염이라는 것을 알아챈 앤은 미니메이의 옷을 벗겨 숨쉬기 편하게 해준 뒤 난로에 불을 지펴 방안의 온도를 올리고 주전자와 그릇에 물을 담아 김이 나오게 함으로써 습도를 올려주었다. 습도를 올려주면 가래가 잘 배출되어 호흡을 편하게 해줄 수 있다. 이것은 아기들이 기침과 가래가 심할 때 일반적으로 해주는 응급처치방법이다.

그리고 집에서 가져온 가정상비약 '이피칵'을 스푼에 따라 미니메이에게 먹인다.

숨이 거친 미니메이가 호흡이 불편하다는 것을 알았던 앤은 혹시나 기침을 하거나 토할지도 모를 상황에 대비해 미니메이의 얼굴을 살짝 옆으로 돌려 뉘여준다.

미니메이와 같이 3살 정도의 어린아이는 바로 눕거나 기침이 심해지면 토할 수도 있다. 만약 토하다가 좁아진 기도 사이로 음식물이 끼게 되면 숨이 막혀 질식사할 위험이 있기 때문에 미니메이의 얼굴을 옆으로 돌려준 것이다. 이것 또한 앤의 경험에서 나온 처치방법이었다.

이 에피소드는 앤이 밸리 부인의 오해를 풀고 다이애나와 우정을 회복하게 된 감동적인 장면이지만 한편으로는 19세기 미국과 캐나다 지역의 의료환경을 알 수 있는 흥미로운 장면이기도 하다.

앤이 미니메이에게 먹였던 이피칵이라는 약은 18세기부터 20세기 초반까지 유럽과 미국, 캐나다 지역에 사용되었던 가정상비약이다.

이피칵은 브라질이 원산인 사이코티리아 이피카쿠아나$^{Psychotria\ ipecacuanha}$라고 불리는 나무의 뿌리를 주원료 만든 쓴맛이 나는 시럽을 말한다.

우리나라에서도 꼭두서니과 유사종인 토근^{吐根}의 뿌리를 사용하여 토하게 하거나 가래를 없애는 데 사용한다.

꼭두서니.

이피칵은 우리나라에서는 거의 이용되고 있지 않지만, 서양에서는 독극물로 인한 위세척을 할 때 구토제로 사용된다.

앤이 살던 당시만 해도 이피칵은 가정상비약으로 소아의 기침, 가래, 후두염 등에 쓰였다. 그러나 이피칵은 약간의 진해(기침을 멈추게 함), 거담(가래를 없애는 것)의 효과는 있지만 주 용도는 토하게 만드는 것이다. 그렇다면 앤은 미니메이에게 왜 이피칵을 먹였을까? 실제 이피칵은 치료제가 아닌, 구토유발제인데 말이다.

영·유아들이 크루프에 걸렸을 때 가장 심각한 상황은 호흡곤란으로 진행되는 것이다. 호흡곤란은 크루프 때문이기도 하지만 기침을 하다 구토를 하게 되는 경우에 음식물이 기도를 막아서 발생하는 경우가 많다고 한다.

앤이 살던 19세기 후반의 의료 환경은 크루프를 완치할 수 있는 치료제가 없었다.

그래서 최대한 할 수 있는 방법은 염증이 더 붓거나 이물질이 끼어 기도가 좁아지는 상황이 되지 않도록 이피칵을 먹이거나 습도를 조절해서 가래를 뱉게 하거나 찬바람을 쐬도록 하는 등의 응급처치를 하는 일이었다.

앤은 이피칵을 먹여 구토를 유발한 후, 위장에 머물러 있는 음식물 때문에 기도가 막히는 불상사를 방지하고 이후 상태를 지켜보는 것으로 응급치료를 했던 것이다.

캐나다에서 제작한 〈빨간 머리 앤〉 드라마에서는 앤이 창문을 열고 미니메이가 차가운 밤공기를 쐬게 하면서 가래를 뱉도록 기침을 계속 하라고 종용하는 장면이 나온다.

앤이 차가운 밤공기를 마시게 한 것은 산소가 유입되어 호흡에 도움을 주고 염증을 완화하기 위해서이다. 적절한 온도와 습도, 산소 공급 등은 앤이 할 수 있는 최고의 응급처치 방법이었기 때문이다.

이 시대 사람들은 앤이 미니메이에게 한 것처럼 호흡곤란을 막고 가래를 빼주는 방법을 통해 아이가 최대한 편하게 병을 이겨낼 수 있도록 환경을 만들어 주는 일 말고는 딱히 할 수 있는 게 없었다.

현대에서는 크루프를 위한 치료로 후두 점막의 부종을 감소시키는 에피네프린^{epienphrine} 흡입치료, 후두 염증 억제를 통한 후두 점막 부종 완화에 도움을 주는 경구 스테로이드^{steroid}와 항생제 처방 등이 사용된다.

기도폐쇄가 심해 산소량이 부족하거나 약물치료로도 증상이 나아지지 않을 때는 비약물치료인 기도삽관과 인공호흡기 치료가 필요할 수 있다.

크루프는 대체적으로 합병증이 없으나 약 15%

정도는 중이염, 세균성 기관지염, 폐렴 등으로 확산될 수 있는 가능성이 있다.

　새벽에 도착한 의사선생님 또한 앤의 적절한 대처에 큰 칭찬을 아끼지 않을 정도로 당시 앤의 치료는 현명한 선택이었다.

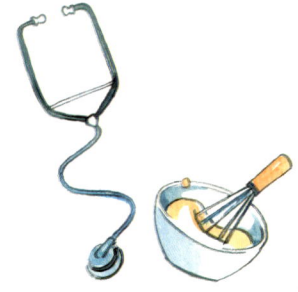

밸리 가에 초대받은 앤

2월 어느 날 숨을 헐떡이며 뛰어들어온 앤이 마릴라에게 말했다.

"마릴라. 근사한 일이 생겼어요. 내일 다이애나의 생일이라고 밸리 아주머니께서 저를 집으로 초대해 자고 가라고 하셨어요. 다이애나의 사촌들도 와서 저랑 다이애나를 공회당 음악회에도 데리고 가준대요. 또 밸리 아주머니가 손님용 침실에서 자도 좋다고 하셨어요. 가슴이 두근거려요. 가도 될까요?"

"안 된다. 밤에는 자기 침대에서 자는 것이 제일 좋은 거야."

마릴라의 단호한 말에 앤은 계속 졸라댔지만 마릴라는 허락하지 않았다.

하지만 매슈가 허락해줄 것을 강하게 요구해 결국 허락해야 했다.

다음날 음악회는 정말 근사했고 유쾌한 흥분과 즐거움을 맛본 다이애나와 앤이 집으로 돌아온 시간은 밤 11시경이었다.

모두 잠들어 고요한 집안을 살금살금 까치발로 걸어 앤과 다이애나는 손님용 침실로 들어갔다.

"누가 더 빨리 침대에 들어가는지 경주하자."

흰 잠옷 차림의 두 소녀는 손님용 침대 위로 거의 동시에 껑충 뛰어올라갔다.

그 순간 침대 속에서 '으악' 소리와 함께 무언가가 꿈틀거렸다.

깜짝 놀란 앤과 다이애나는 침대에서 내려와 정신없이 방 바깥으로 뛰어나갔다.

"대체 어떻게 된 거야? 저 사람은 누구야?"

"조세핀 할머니 같아. 아버지의 아주머니신데 샤로트 타운에 살고 계셔. 70살쯤 되셨는데 오늘 오실 줄은 몰랐어. 꼼꼼하고 엄한 분이시라 틀림없이 꾸중하실 거야. 우린 미니메이와 자야겠다."

다음날 아침 조세핀 할머니는 식사 시간에 모습을 보이지 않으셨다.

"어젯밤에는 재미있었니? 조세핀 할머니가 오셔서 너희 오면 2층에서 자야겠다고 말하려다가 너무 졸려서 잠이 들고 말았단다. 할머니를 방해하지는 않았겠지, 다이애나?"

배리 부인이 다정한 얼굴로 말하자 다이애나는 아무 말 없이 그저 앤에게 미소를 지어보일 뿐이었다.

아침 식사가 끝난 후 집으로 돌아온 앤은 그후 배리 가에서 일어난 일을 알지 못했다가 저녁 때 린드 부인에게 심부름 갔다가 소식을 듣게 되었다.

"조세핀 할머니가 어젯밤 일로 대단히 화가 나서 한 달 머무를 일정을 취소하고 내일 당장 돌아가겠다고 했다는구나. 또 다이애나의 음악 수업료를 내주겠다는 약속도 취소하겠다고 해서 배리 가 사람들이 몹시 난처해하는 거 같아."

린드 부인의 말에 앤은 풀이 죽고 말았다.

'어째서 난 이렇게 운이 나쁠까? 왜 스스로를 곤란하게 만들거나 제일 소중한 사람들을 어려움에 처하게 만들지?'

앤이 곧바로 다이애나를 찾아가 상황을 물어보자 다이애나는 웃음을 참으며 조용조용 말했다.

"그야말로 노발대발하셨어. 이렇게 버릇없는 아이는 본 적이 없고 이런 아이로 키운 부모는 부끄러워해야 한다고 말씀하시면서 당장 돌아가겠다고 하시는데 난 상관없어."

"왜 내 탓이라고 말하지 않았어?"

"나도 함께 그랬는걸 뭐."

"좋아. 그렇다면 내가 직접 말씀드릴게."

앤은 단호하게 말한 뒤 말리는 다이애나를 뿌리치고 거실 문을 살짝 두드렸다.

"들어오너라."

무뚝뚝하고 무섭게 보이는 조세핀 할머니가 난로 옆에서 뜨개질을 하고 있다가 다이애나가 아니어서 놀란 얼굴이 되었다.

"넌 누구니?"

"저는 초록 지붕의 집에 사는 앤이에요. 어젯밤 침대로 뛰어올라간 것은 모두 저 때문이에요. 다이애나는 아주 얌전해서 그런 것은 생각해내지 못한답니다. 그러니 그 점을 알아주셨으면 해요."

"다이애나도 함께 뛰어들었잖니?"

"저희는 그저 장난을 쳤을 뿐이지만 다이애나를 용서해주시고 음악 공부를 시켜주세요. 다이애나는 음악을 좋아하고 또 열심히 하거든요. 만일 누군가에게 화를 내야 한다면 저에게 화를 내주세요. 저는 어렸을 때부터 꾸중 듣는 것이 익숙하기 때문에 다이애나보다 훨씬 쉽게 참을 수 있거든요."

노부인은 노여움이 사라지고 재미있다는 표정으로 바뀌었지만 엄한 목소리로 말했다.

"장난으로 그랬다는 것이 이유가 될 수는 없다고 생각한다만. 긴 여행을 한 뒤 곤하게 잠들었다가 갑자기 두 아이에게 깔리게 되었을 때의 기분을 생각해보았니?"

"잘은 모르겠지만 상상은 해볼 수 있어요. 그렇지만 저희 입장도 생각해봐 주세요. 저희는 손님용 침실에서 자기로 되어 있기 때문에 누군가 있으리라고는 생각도 못했다가 할머니의 비명 소리에 얼마나 놀랐는지 몰라요. 또 할머니는 손님용 침실에서 주무시는 것이 익숙하시겠지만 저 같은 고아는 그곳에서 잘 수 없는 것에 얼마나 큰 실망을 했을지도 상상해봐주세요."

조세핀 할머니는 유쾌하다는 듯 큰 소리로 웃으셨다.

"내 상상력이 조금 녹슬었을지는 몰라도 그런 조리 있는 변명을 들으니 더 이상 할 말이 없구나. 자 여기 앉아서 네 이야기를 좀 더 들려주렴."

"죄송하지만 지금은 오래 있을 수가 없어요. 이제 집으로 돌아가야 하거든요. 다이애나를 이제 그만 용서해주시고 이곳에 예정대로 계셔주세요."

"만일 네가 이따금 와서 나와 이야기를 나눈다면 그렇게 하마."

그날 밤 조세핀 할머니는 다이애나에게 은팔찌를 선물해주었다.

"내가 이곳에 다시 머물기로 한 것은 앤과 좀더 가까워지고 싶어서란다. 그 아인 나를 유쾌하게 해주었어. 나 정도의 나이가 되면 유쾌한 사람을 만나는 것은 좀처럼 쉽지 않거든."

매슈, 볼록 소매를 고집하다

시간이 지나 다시 겨울이 찾아왔다. 앤과 친구들은 거실에서 학예회에서 발표할 연극을 연습하고 있었다.

연습이 끝난 듯 아이들이 나오는 소리가 들리자 매슈는 살금살금 걸어 잘 보이지 않는 곳에 숨었다. 매슈는 아이들의 모습을 보면서 앤이 다른 아이들과 다르다는 것을 깨닫고 우울해졌다. 그것이 무엇인지는 모르지만 앤과 아이들의 모습은 달랐다.

그후 2시간 동안 담배를 피우면서 생각에 잠겼던 매슈는 드디어 그 이유를 깨달았다. 다른 아이들은 빨간색, 분홍색, 노란색 등의 화사한 옷을 입고 있었는데 앤은 차분한 색의 장식 없는 옷을 입고 있었던 것이다.

매슈는 앤에게도 예쁜 옷을 지어주기로 결심하고 다음날 카모티의 상점에 갔다. 그런데 그곳에는 새로운 여직원이 있었다. 당황한 매슈는 엉뚱하게 갈퀴를 주문하고 말았다.

12월 한겨울에 갈퀴를 찾는 매슈가 이상했지만 여직원은 갈퀴를 찾아다 주었고 더 필요한 것이 있는지 물었다.

이번에도 매슈는 필요없는 건초 씨를 찾았고 봄이 되어야 들어온다는 말에 여전히 앤을 위한 옷감 대신 흑설탕을 주문했다.

결국 갈퀴와 흑설탕을 가지고 집에 돌아온 매슈는 자신의 힘으로는 안 된다는 것을 실감하고 린드 부인에게 찾아갔다.

마음씨 좋은 린드 부인은 매슈의 고민을 듣고 바로 해결해주었다.

"앤의 옷을 지어준다니 좋아요. 앤에게는 고상한 진한 갈색이 어울릴 거예요. 바느질도 제가 할게요. 소매도 불룩하게 해달라고요? 알겠어요."

매슈가 돌아가자 린드 부인은 흐뭇한 얼굴로 혼잣말을 했다.

'앤이 다른 아이들처럼 예쁜 옷을 입게 되다니 정말 잘 됐어. 마릴라는 허름한 옷차림이 앤에게 겸손한 마음을 갖게 한다고 하지만 그건 부러움과 불만만 키우는 것일 수도 있어. 그리고 매슈

가 앤의 옷차림이 다른 아이들과 다르다는 것을 알아차리다니 놀라워.'

그로부터 2주일 동안 마릴라는 매슈가 무언가를 숨기고 있다는 것을 알았지만 크리스마스 전날 린드 부인이 새 옷을 가지고 왔을 때야 그것이 무엇인지 알게 되었다.

"그래서 요즘 매슈 오빠가 싱글벙글했던 거군요. 무언가 어리석은 일을 벌이고 있다는 것은 알았지만 그게 이거였군요. 앤에게는 올 가을에 실용적이고 따뜻한 옷을 세 벌이나 지어줘서 더 이상 필요하지 않아요. 이건 앤의 허영심만 키울 거예요."

크리스마스 아침이 되자 앤은 온 집안에 울려 퍼질 정도로 큰 소리로 노래를 부르며 아래층으로 뛰어내려왔다. 눈이 내린 세상은 은빛으로 반짝반짝 빛나고 있었다.

"즐거운 크리스마스예요. 마릴라, 매슈 아저씨! 화이트 크리스마스라 너무 기뻐요. 어? 그것은 저에게 주는 건가요?"

매슈가 머뭇머뭇 마릴라의 눈치를 살피며 앤에게 옷을 내밀었다.

너무 아름다운 옷에 감격한 앤은 말도 못하고 옷만 바라보았다. 매끄러운 감촉의 갈색 비단 옷은 우아하고 아름다운 주름 스커트와 갈색 비단 리본으로 나비 묶음되어 크게 부풀린 소매가 특히 아름다웠다.

앤이 갑자기 눈물을 흘리자 매슈는 당황했다.

"앤, 이건 크리스마스 선물이야. 왜 그러니? 마음에 들지 않는 거야?"

그 모습을 지켜보던 마릴라가 말했다.

"자, 이제 식사를 하자. 앤. 난 너에게 이런 옷이 필요하지 않다고 생각하지만 매슈 아저씨께서 선물하신 것이니 소중히 생각하고 입으렴."

"너무 두근거려서 음식을 먹을 수가 없어요. 매슈 아저씨, 정말 감사해요. 앞으로 착한 아이가 되도록 더더욱 노력할게요. 전 눈으로 이 옷을 마음껏 감상하고 싶어요."

아침 식사가 끝났을 때 새빨간 코트를 입은 다이애나가 찾아와 작은 상자를 내밀었다.

"조세핀 할머니가 너에게 보내는 선물이야."

앤이 상자를 열어보니 크리스마스 카드와 함께 비단으로 만들어진 리본과 작은 유리 구슬이 반짝이는 아름다운 송아지 가죽 실내화가 들어 있었다.

그날 저녁 학예회에서 매슈가 선물한 옷을 입은 앤은 멋지게 연극을 끝내 매슈와 마릴라에게 기쁨을 안겨주었다.

"누구보다도 잘 해낸 앤의 미래를 위해 우리가 어떻게 해야 할지 이제 슬슬 생각할 때가 된 거 같아, 마릴라."

"앤은 이제 겨우 열세 살이니 아직 그런 것을 생각하기엔 너무 일러요. 하지만 지금 보니 정말 많이 자라서 깜짝 놀랐어요. 앞으로 앤을 퀸스 학교에 보내야겠어요. 그래도 앞으로 1~2년 동안은 아직 말하지 말구요."

허영심과 마음속의 고통

상큼한 꽃 향기가 가득한 어느 봄날 저녁, 마릴라는 교회 부인회에서 돌아오는 길에 난롯불이 활활 타오르고 차가  끓고 있는 집을 떠올리며 행복한 마음이 되었다.

그런데 막상 집에 도착해보자 불은 꺼져 있고 앤도 보이지 않았다. 마릴라는 앤에게 실망하고 화가 났다.

5시까지 돌아와서 차를 준비하라고 했는데 지키지 않은 앤을 따끔하게 혼내야겠다는 생각을 하며 마릴라는 저녁 식사를 준비하기 시작했다.

"앤은 아직도 다이애나와 돌아다니며 수다를 떨고 있나봐요. 약속을 어기거나 제멋대로 군 적이 없는 아인데 이제 와서 이런 짓을 하다니 실망이에요."

마릴라의 푸념에 매슈가 조용히 말했다.

"앤이 약속을 어긴 것이 확실해질 때까지는 실망했다는 말은 하지 않는 것이 좋겠구나. 반드시 무슨 이유가 있을 거야."

하지만 저녁 식사 시간이 되었는데도 앤은 돌아오지 않았다. 화가 난 마릴라는 접시를 씻어 정돈하고 지하실에 내려가기 위해 앤의 방에 있는 초를 가지러 올라갔다.

그런데 거기에는 이불을 뒤집어 쓰고 침대에 누워 있는 앤이 있었다.

"자고 있는 거니, 앤? 어디 아프니?"

"아니에요. 이유는 묻지 말고 저를 보지도 말고 저리 가주세요. 저는 지금 절망의 구렁텅이에 빠져 있어요."

"도대체 무슨 일이니?"

마릴라의 걱정어린 목소리에 앤은 체념한 듯 이불을 치우고 얼굴을 내밀었다.

"제 머리카락을 보세요."

"어머나 앤, 어떻게 된 거니? 머리카락 색이 초록색이잖아?"

앤의 치렁치렁 긴 머리카락이 윤기 없는 기묘한 초록색으로 변해 있었다.

"전 빨간 머리 만큼 보기 싫은 것은 없다고 생각했는데 이제 초록색이 열 배나 더 보기 싫다는 것을 알았어요. 제 빨간 머리를 아름다운 검은머리로 바꿀 수 있다고 해서 물들였는데······."

"누가 그런 말을 한 거니?"

"오늘 오후에 행상이 와서 가루 염색약을 샀어요."

"앤, 그 이탈리아 행상인들을 집안에 들이면 안 된다고 누누이 말했잖니."

"집 안에 들어오게 하지는 않았어요. 현관에서 그 사람의 물건을 보았는데 열심히 일해서 아내와 아이를 독일에서 데려올 생각이라고 해서 뭐라도 팔아주려고 했다가 어떤 머리카락도 아름다운 색으로 만들어주고 감아도 결코 색이 빠지지 않는다고 해서 저도 모르게 새까맣게 변한 제 머리카락을 떠올리고는 사지 않을 수가 없었어요."

마릴라는 앤의 머리를 비누로 감겨보았지만 아무런 효과도 보지 못했다. 앤은 일주일 동안 계속 머리를 감았지만 전혀 소용이 없었다.

결국 마릴라가 결단을 내렸다.

"앤, 이런 염색약은 처음이야. 이제 어쩔 수 없구나. 머리카락을 자르는 수밖에."

더 이상 방법이 없다는 것을 안 앤은 순순히 가위를 가지고 마릴라에게 갔다.

"가슴이 찢어지는 것 같지만 싹둑 잘라주세요. 아, 나에게 이런 비극이 일어나다니……."

짧아진 머리를 확인한 앤은 거울을 되돌려놓더니 선언했다.

"저는 제 머리가 다 자랄 때까지 거울을 안 보겠어요. 아 아니에요. 거울을 보면서 제가 한 나쁜 짓을 속죄하겠어요. 거울을 보며 제 자신이 얼마나 흉한지 확인할래요."

월요일이 되자 짧아진 앤의 머리에 학교가 떠들썩해졌다. 조지는 앤에게 허수아비 같다고 놀려댔다.

"저는 조지가 그렇게 말했어도 잠자코 있었어요. 그것도 벌의 일부이니 참아야 한다고 생각했거든요. 앞으로는 좋은 일도 많이 해서 매슈 아저씨와 마릴라의 자랑거리가 되겠다고 결심도 했고요."

빨간 머리 주근깨 소녀 앤 셜리
연관과 교차

  마릴라가 외출한 어느 날, 초록색 지붕 집에는 방물장수가 다녀가게 된다. 빨간 머리가 콤플렉스였던 앤은 멋진 검은 머리로 바꿔줄 수 있다는 방물장수의 말에 큰 희망을 갖게 된다.
  하지만 얼마 못 가서 그 희망은 절망으로 바뀌었다. 안타깝게도 염색약은 가짜였고 머리 염색의 결과는 참담했다. 생각했던 멋진 검은색이 아닌, 초록색 물이 들어 이상하게 되어버린 것이다.

이것을 본 마릴라는 앤의 머리카락을 과감하게 자르는 특단의 조치를 내리게 된다.

앤이 평생 극복하고 싶었던 빨간 머리! 사춘기 소녀의 외모 불만 정도로 치부하기에는 서양인들의 빨간 머리에 대한 편견은 아주 깊고 오랜 역사를 가지고 있다.

앤이 염색을 하게 된 것도, 길버트의 머리에 석판을 내리친 것도 알고 보면 앤을 가장 괴롭혀왔던 빨간 머리에 대한 깊은 상처 때문이었다.

영·미권에서 빨간 머리는 불길한 징조로 여겨져 왔다. 중세시대 빨간 머리 여자는 마녀로 몰렸고 매춘부들은 모두 빨간 머리로 표현되기도 했다.

왜 빨간 머리가 편견의 대상이 되었는지는 여러 이야기가 있다. 하지만 가장 유력한 설은 오랜 민족 간의 분쟁에서 비롯된 역사적 배경 때문이라는 것이다.

편견은 사실에 기초하는 것보다 묵은 감정이 원인인 경우가 대부분이다. 이 묵은 감정들은 생각보다 지워지기 힘든 것 같다.

인류는 인종에 따라 제 각각의 머리색과 그와 연관된 외형적 특징을 가지고 있다. 금발의 푸른 눈에 큰 키, 빨간 머리에 주근깨와 초록색 눈, 검은 머리에 작은 눈과 납작한 코 등이 그것이다.

대부분 빨간 머리를 가진 사람들에게서 나타나는 눈에 띄는 특징이 주근깨다. 앤 또한 전형적인 빨간 머리에 주근깨를 가지고 있다. 이런 외모적 특징이 앤 스스로가 자신을 못생겼다고 생각하게 한 이유다.

그렇다면 인종에 따라 나타나는 다양한 머리색과 외형적 특징은 어떻게 발생하는 것일까? 마치 한 세트처럼 따라 다니는 이 형질들은 어떤 연관성을 가지고 있을까? 앤을 절망의 구렁텅이로 몰아넣은 머리색 유전의 비밀과 염색약의 원리에 대해 알아보자.

차별의 상징이 된 진저Ginger!

세계 인구 중 자연적인 빨간 머리는 전체의 약 1~2%에 해당한다고 한다. 그런데 유럽의 서북 지역과 영국의 스코틀랜드, 아일랜드 지역에서는 빨강 머리 비중이 세계 기준보다 약 10~13%로 높은 편이다.

스코틀랜드와 아일랜드 지역에 빨간 머리가 상대적으로 많은 이유는 이들의 조상이 고대 켈트족이었기 때문이다.

고대 켈트족의 상징은 붉은 머리를 땋고 날개 달린 투구를 쓴 모습으로, 이것은 프랑스의 인기 만화 〈아스테릭스〉에도 잘 표현되어 있다.

켈트족의 상징 중 하나인 빨간 머리.

물론 모든 켈트족들이 붉은 머리는 아니다. 다만 상대적으로 붉은 머리가 적은 다른 민족들 입장에서 켈트인들의 붉은 머리가 유독 더 돋보였을 것으로 보인다.

4~5세기 게르만족의 대이동 시기 영국에 들어온 게르만족의 한 분파인 앵글로색슨족은 켈트족을 몰아내고 영국을 점령하게 된다.

이 과정에서 켈트족과 앵글로색슨족 간의 반감은 매우 심했고 승리를 거머쥔 앵글로색슨족들에게는 빨간 머리의 캘트족이 좋아 보일 리 없었다.

이후, 켈트족의 후예들은 아일랜드로 영역이 축소된다. 이후 영국을 비롯한 미국, 캐나다의 중심 세력으로 부상한 앵글로색슨족의 후예인 금발의 흰피부를 가진 백인들은 조상 때부터 내려온 빨간 머리에 대한 편견을 고스란히 이어받게 된다.

빨간 머리를 영미권에서는 진저^{Ginger}라고 부른다. 진저는 못생긴 얼굴을 비하하는 말로도 쓰이며 차별의 언어이기도 하다. 일반적으로 진저는 하얀 얼굴에 빨간 머리, 초록색 눈에 주근깨가 있는 외모를 지칭한다. 이런 편견 속에서 살아간다면 앤이 자신의 빨간 머리를 매우 싫어했던 것이 이해가 간다.

유럽에서 가장 가난한 나라였던 아일랜드는 800년간 영국의 식민지로 오랜 세월 식량을 수탈당하고 있었다. 게다가 1845년 시작된 아일랜드 대기근은 굶주림을 피해 고국을 떠나는 수많은 이민자를 낳게 되었다. 그들 중 대부분은 미국이나 캐나다로 넘어왔는데 이 아일랜드계 이민자들 중에는 상대적으로 눈에 띠는 빨간 머리에 주근깨가 있는 외모가 많았다고 한다.

앵글로색슨계의 백인이 주류인 미국이나 캐나다에서 이런 모습은 언제인가부터 아일랜드인의 상징처럼 여겨졌다.

이민자는 가난한 계급을 형성했고 이로 인해 사회 전반에 빨간 머리에 대한 인식이 어떠했을지는 상상이 갈 것이다. 그리고 루시 모드 몽고메리는 당시 사회에 퍼져 있는 고아와 여자, 빨간 머리에 대한 차별과 편견을 알고 있었을 것이다. 루시 모드 몽고메리가 앤을 고아 여자아이에 빨간 머리라는 최악의 캐릭터로 설정하게 된 것도 어쩌면 사회적 편견과 차별을 딛고 일어나 당당한 여성으로 성장하는 앤의 이야기를 통해 오래된 폐습에 문제 제기를 하고 싶었던 것은 아니었을까?

이제 앤을 슬프게 했던 빨간 머리에 대해 더 잘 이해할 수 있도록 염색체와 유전형질에 대해 알아보자.

인간의 염색체는 세트 메뉴?

모든 빨간 머리에 해당되는 것은 아니지만, 대부분 빨간 머리 유전자는 주근깨 유전자와 함께 발현된다.

앤 또한 창백하게 느껴질 정도의 하얀 피부에 빨간 머리, 초록색 눈에 주근깨를 가지고 있다. 이것이 전형적인 빨간 머리를 가진 사람들의 외모다.

그런데 왜 하필 빨간 머리들에게는 주근깨가 나타나는 것일까? 이런 현상은 유전자의 '연관' 때문이다.

유전자의 연관^{linkage}이란, 하나의 염색체 위에 여러 형질의 유전자가 있는 것이며 이 유전자들이 생식세포 분열을 할 때, 함께 움직이는 것을 말한다.

일종의 세트메뉴와 같다. 새우버거 세트에는 감자튀김과 콜라가 함께 나오듯 빨간 머리 세트에는 주근깨와 초록색 눈 유전자가 함께 발현되는 것이다.

그렇다면 왜 인간의 유전자는 연관되어 움직이

는 것일까? 빨간 머리 유전자와 주근깨 유전자가 독립적으로 움직일 수도 있는데 말이다.

유전학의 아버지 멘델의 유전법칙 중에는 '독립의 법칙'이 있다. 유전자 연관은 바로 이 독립의 법칙에 위배되는 일이다. 그럼 멘델이 틀린 것일까?

멘델의 유전자 '독립의 법칙'은 틀렸다?

유전자 연관은 멘델이 알아낸 유전법칙 중 독립의 법칙에 위배되는 일이다.

멘델의 '독립의 법칙'이란, 하나의 염색체 위에는 하나의 형질을 나타내는 유전자가 독립적으로 존재한다는 것이다.

멘델이 연구한 완두콩은 둥근형 R(우성), 주름진형 r(열성), 황색 Y(우성). 초록색 y(열성)의 유전자를 교배하는 실험을 통해 이루어졌다.

만약, 순종 우성 형질인 둥글고 황색인 콩(RRYY)과 순종 열성 형질인 주름진 초록색 콩(rryy)을 교배한다면 어떤 일이 벌어질까?

여기서 유전자가 독립적으로 움직이지 않고 서로 연관되었다면 완두콩 생식세포의 유전자형은 RY와 ry 두 가지만 나오게 된다.

이유는, 둥근형 R, 주름진형 r, 황색 Y. 초록색 y의 유전자가 각각 따로 따로 움직이지 않고 연관되어 R-Y(둥근형, 황색), r-y(주름진형, 초록색)가 함께 움직이기 때문이다.- 생식세포가 만들어지는 과정은 다음 장에서 설명하겠다.

이렇게 연관된 R-Y(둥근형, 황색), r-y(주름진형, 초록색)의 두 가지 유전자형을 가진 생식세포에서 나올 수 있는 완두콩의 유전자형과 표현형(겉모습)은 다음과 같다.

생식세포	RY	표현형(겉모습)	ry	표현형
RY	RRYY	둥근 황색콩	RrYy	둥근 황색콩
ry	RrYy	둥근 황색콩	rryy	주름진 초록색

RRYY(둥글고 황색), RrYy(둥글고 황색), rryy(주름진 초록색)가 1:2:1의 비율로 나오게 된다.

그러나 멘델의 실험 결과는 달랐다. 완두콩 자

손의 생식세포 유전자형은 RY:Ry:rY:ry이었고 4가지 생식세포의 조합으로 탄생한 완두콩의 유전자형과 표현형(겉모습)은＝9(둥근황색: RRYY, 2RRYy, 4RrYy, 2RrYY):3(둥근 초록색: RRyy, 2Rryy):3(주름진 황색: rrYY, 2rrYy):1(주름진 초록색: rryy)의 비율로 나온 것이다.

생식세포	RY	Ry	rY	ry
RY	RRYY	RRYy	RrYY	RrYy
Ry	RRYy	RRyy	RrYy	Rryy
rY	RrYY	RrYy	rrYY	rrYy
ry	RrYy	Rryy	rrYy	rryy

이 결과로 멘델은 유전자가 서로 연관되지 않고 독립적으로 움직인다고 확신하게 되었다.

유전자 '독립의 법칙'은 1865년, 지구상에서 처음으로 유전학의 문을 연 멘델의 시대에서는 당연한 결과였다.

행운인지 불행인지 실제 완두콩의 유전자는 독립의 법칙에 딱 들어맞는 형태를 가지고 있었다.

만약 멘델이 뒤에서 다루게 될 유전학자 토마스 모건이 했던 초파리를 실험대상으로 했다면 유전 법칙은 달라졌을지도 모른다.

멘델은 염색체와 유전자의 존재에 대해서 전혀 알지 못하는 상태에서 이 모든 것을 완두콩의 발현된 모습만을 보고 체계화한 학자로, 멘델의 실험은 유전학의 아버지라는 호칭이 아깝지 않을 만큼 인류를 한 번 더 크게 도약할 수 있도록 만들어준 위대한 실험이었다.

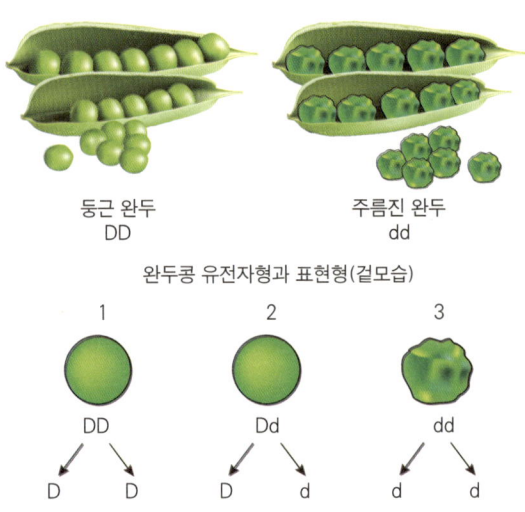

멘델의 완두콩 유전자 실험의 예.

그러나 인간은 완두콩이 아니다. 정확히 이야기하자면, 인간의 유전자는 완두콩처럼 단순하지 않다.

그렇다고 해서 멘델의 '독립의 법칙'이 틀렸다는 것은 아니다. 단지 완두콩보다 좀 더 다양하고 복잡한 유전자를 가진 인간에게는 독립의 법칙으로만 설명할 수 없는 더 정교한 유전의 법칙이 적용되고 있다는 것이다.

염색체의 연관과 교차

인간의 세포를 구성하는 중심 핵 속에는 염색체가 있고 염색체 위에는 형질을 나타내는 유전자가 배치되어 있다. 인간에게는 약 25,000~30,000개에 달하는 유전자가 있다.

하지만 이 유전자를 담고 있는 염색체의 수는 총 46개밖에 되지 않는다.

우리가 어렵고 복잡한 과학용어 없이 단순하게 생각해 보아도 약 25,000~30,000개인 유전자가 46개의 염색체 안으로 들어가야 한다면, 멘델이 주장한 것처럼 한 개의 염색체에 한 개의 유전자가 독립적으로 존재해서는 불가능하다는 것을 알 수 있다. 독립의 법칙을 따르게 되면, 인간의 염색체 수는 25,000~30,000개가 되어야 한다. 이렇게 된다면 인간이 인간의 모습을 하고 있을지는 상상에 맡기겠다.

그래서 인간은 어쩔 수 없이 한 개의 염색체 속에 어마어마한 유전자를 담고 있어야 했다. 마치 해리포터에 등장하는 헤르미온느의 마법 가방처럼 작은 염색체 가방 속에 수천 개 이상의 유전자를 넣은 것이다.

게다가 46개의 염색체는 쌍을 이루고 있는 총 23쌍의 상동염색체로 이루어져 있다. 상동염색체 homologous chromosomes는 부계와 모계로부터 하나씩 전달받아 쌍을 이루는 크기와 모양이 같은 염색체를 말한다.

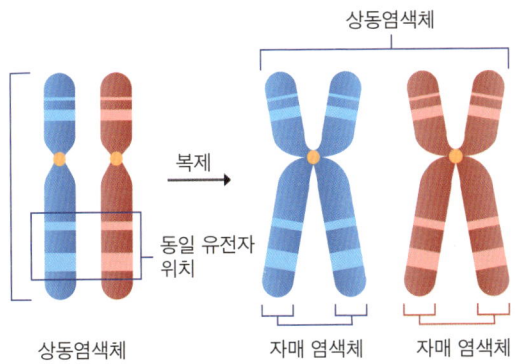

상동염색체와
복제된 상동염색체.

이 상동염색체 각각의 동일한 위치에는 대립되는 형질을 나타내는 대립유전자가 있다. 짝이 되는 대립유전자 간에는 같은 카테고리의 정보를 담고 있다.

예를 들면, 모계로부터 받은 1번 염색체 상에 머리색에 관한 유전자가 있다면, 이것과 상동염색체인 부계로부터 받은 1번 염색체 상에도 같은 위치에 머리색에 관한 유전자가 있는 것이다.

만약 모계 1번 염색체 상의 머리색깔 유전자가 검은색이고 부계 1번 염색체상의 머리색깔 유전자가 금발을 나타낸다고 하면 겉으로 나타나는 표현형은 우열의 법칙에 따라 금발에 대한 우성인 검은 머리가 발현되는 것이다.

다시 돌아가서 인간의 유전자 수에 대해 이야기해보자.

인간은 완두콩처럼 단순한 형질로 구성된 생명체가 아니다.

인간의 25,000~30,000개에 다다르는 유전자는 엄밀하게 말해, 46개의 염색체가 아닌 23쌍의 염색체 속에 들어가 있어야 한다는 말이 된다.

이렇게 되면, 당연히 유전자의 연관이 발생할 수밖에 없다. 유전자수가 염색체수보다 어마어마하게 많기 때문에 대략 계산을 해도 하나의 염색체 상에 연관 유전자의 수는 최소 1,000개 이상은 되어야 하는 것이다.

이 연관 유전자 가운데는 빨간 머리 유전자와 주근깨 유전자도 있다. 이 두 유전자는 동일 염색체 상에 아주 가까이 붙어 존재하다가 생식세포 분열 시, 같이 움직여 자손에게 그대로 전달되는 것이다.

그렇다면 연관된 유전자가 어떻게 생식세포를 통해 유전되는지 그 과정을 알아보자.

여기 모계 1번 염색체 상에 빨간 머리 유전자 A와 주근깨 유전자 Z를 가지고 있는 한 사람이 있다.

이때 유전자 A빨간 머리, Z주근깨와 쌍이 되는 상동염색체인 부계 1번 염색체 상의 같은 위치에도 대립유전자인 a(금발머리)와 z(주근깨 없음)가 있다.

A와 Z는 서로 연관되어 있고 a와 z도 마찬가지다. 다시 말해 같이 움직이는 것이다. 이제 유전자 A-Z가 담긴 모계 1번 염색체와 상동염색체인 a-z를 실은 부계1번 염색체는 생식세포를 만들기 위한 감수분열에 들어간다.- 생식세포를 만들기 위한 분열은 염색체가 반절로 줄어드는 감수분열을 한다.

감수분열은 총 2번에 걸쳐 일어나며, 이것의 목적은 정자와 난자를 만들기 위해서다.

첫 번째, 유전자 A-Z와 a-z가 실려 있는 모계 1번과 부계 1번 상동염색체들은 각각 자신을 복제해 자신과 똑같은 분신인 분체 염색체를 만든다.

1쌍이던 상동염색체가 2쌍이 된 것이다. 2쌍의 상동염색체는 서로 달라붙게 되는데, 이것을 2가 염색체라고 한다.

2가염색체가 된 상동염색체 사이에서는 유전자 재조합이 일어난다, 이때 연관유전자는 함께 이동을 하게 된다.

2가염색체의 재조합이 끝나면 부계와 모계로부터 받은 상동염색체는 이제 더 이상 예전의 유전자를 가진 상동염색체가 아니다. 새로운 조합의 상동염색체가 만들어지는 것이다.

이렇게 유전자 조합을 마친 2가 염색체는 다시 분리되어 두 개의 세포로 나뉘고 감수분열 1단계가 종료된다.

감수분열 1단계가 종료된 후, 바로 2단계 세포 분열이 일어난다. 1단계를 통해 분리된 두 개의 세포 안에는 각각 새로운 유전조합을 이룬 상동염색체 한 쌍이 들어 있다. 이 상동염색체 는 그대로 갈라져 생식세포 4개를 만든다.

이 4개의 염색체상에는 각각 연관된 AZ유전자와 az유전자가 그대로 흘러가 AZ유전자를 가진

2개의 딸세포와 az의 유전자를 가진 2개의 딸세포로 나뉘게 된다.

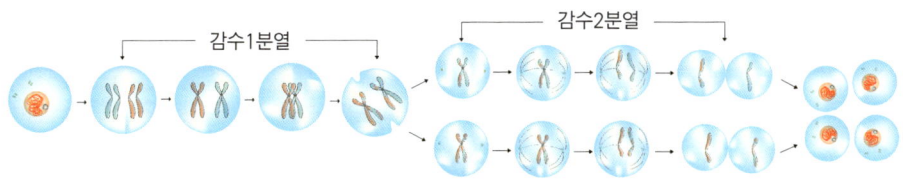

생식세포를 만들기 위해서 염색체는 감수분열을 한다.

  이것을 끝으로 생식세포를 만들기 위한 감수분열의 전 과정이 마무리 된다. 이렇게 만들어진 생식세포는 남자에겐 정자가 되고 여자에겐 난자가 된다.

  그러나 여성의 경우, 4개 중 3개는 사라지고 하나만 살아남아 한 달에 한 번 배란이 되는 것이다.

  이렇게 서로 연관된 유전자는 높은 확률로 생식세포가 되어 자손에게 유전되는 과정을 거친다.

  하지만 유전의 세계는 이렇게 단순 명료하지

않다. 특히 인간처럼 엄청난 유전자를 가지고 있는 고등생물이라면 더욱 그렇다. 유전 형질이 이렇게 단순명료했다면 인류는 오래전에 병을 예측하고 이상 증상을 일으키는 돌연변이를 정복했을 것이다.

아쉽게도 유전자의 연관은 확률적으로 높은 것이지 100% '빨간 머리는 주근깨' 식으로 단정 지을 수 없다.

간혹 빨간 머리에게도 주근깨가 없는 경우가 있는데, 이것은 유전자의 교차$^{crossing\ over}$로 설명할 수 있다.

유전자의 교차는 A, Z(빨간 머리, 주근깨)와 a, z(금발머리, 주근깨 없음) 연관 유전자가 끊어져 새롭게 연결-분리되는 현상을 말한다.

생식세포의 감수 제1분열 시기에 상동염색체가 복제된 후 서로 붙어서 2가염색체가 되었을 때 아주 드문 확률로 분신인 염색분체의 일부가 꼬여서 교환되는 일이 발생한다.

바로 이 염색분체가 꼬여 교차가 일어난 곳을 키아스마^{chiasma} 즉 염색체 교차라고 한다. 인간의 염색체 상의 키아스마는 약 10군데 정도 나타난다고 한다.

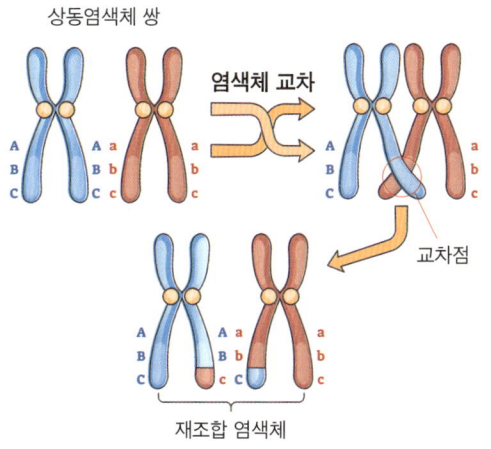

염색분체가 꼬여 교차가 발생하는 것을 키아스마라고 한다.

그렇다면 유전자 간의 교차현상은 얼마나 자주 발생하는 것일까?

그동안의 연구에 따르면 같은 염색체 상의 연관된 두 개의 유전자 간의 거리가 멀면 멀수록 대립유전자^{allele}와 교차할 빈도가 높아지고 가까우면 가까울수록 교차빈도는 낮아진다.

예를 들면 동일 염색체 상의 연관 유전자 A와 B는 바로 옆에 위치하고 Y는 A로부터 20번째 위치한다고 했을 때, A와 B는 거리가 가까워 연관되기 쉽고, 상대적으로 거리가 먼 Y는 분리되어 대립유전자와 교환이 일어나기 쉽다는 말이다.

빨간 머리에게서 주근깨가 없는 형질이 발현되는 경우가 있기는 하지만 이것은 정말 드문 일이라고 한다. 왜냐하면 빨간 머리 유전자와 주근깨 유전자는 거리가 매우 가까워 교차 확률이 상대적으로 높지 않기 때문이다.

연관 유전자 간에 교차가 일어날 빈도를 계산

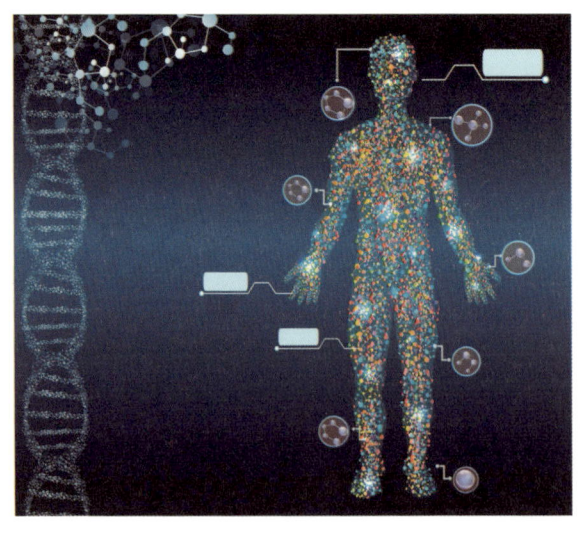

교차율을 통해 유전자 간의 거리를 알 수 있다.

한 것을 교차율이라고 한다. 이 교차율을 통해 유전자 간의 거리를 알 수 있으며 이것은 유전자 지도$^{\text{genetic mapping}}$를 만드는 데 기초가 된다.

유전자 연관의 종류에는 우성인자가 한쪽에 모여 있는 상인연관, 우성과 열성인자가 뒤섞여 있는 상반연관, 교차가 일어나지 않는 완전연관이 있으며 이러한 유전자 연관과 교차를 통해 인류의 다양한 유전적 형질이 발현될 수 있었다.

초파리를 통해 밝혀낸 유전자의 연관

지금까지 우리는 유전자의 연관현상을 통해 빨간 머리 유전자와 주근깨 유전자가 왜 같이 발현되는지를 알아보았다.

그렇다면 유전자의 연관 현상의 원리를 구체적으로 밝혀낸 사람은 누구일까? 그는 바로 유전학의 초석을 쌓은 미국인 생물학자이자 유전학자인 토머스 헌트 모건$^{\text{Thomas Hunt Morgan}}$이다.

현대 유전학의 아버지라 불리는 모건은 멘델을 뛰어넘은 유전학자였으며 실질적인 유전학의 시작을 이끌었다고 해도 과언이 아니다.

 유전학에는 아주 유명한 식물과 동물이 있다. 식물은 유전학의 터를 닦은 멘델의 완두콩이고 동물은 유전학의 기틀을 세운 토마스 모건의 초파리다.

 유전학에서 초파리의 영향력은 상상할 수 없을 만큼 크다. 초파리가 배출해낸 노벨상 수상자만도 6명이나 된다.

 미국의 유전학자 토마스 모건은 유전 전달물질이 염색체 상에 존재하며 일정한 위치에 선상으로 배열되어 연관되어 있다는 것과 서로 쌍을 이루는 상동염색체 상의 같은 위치에 있는 대립유전자에 의해 유전형질이 결정된다는 것을 초파리 연구를 통해 밝혀냈다. 또한 같은 염색체 상의 연관된 유전형질은 함께 움직이며 대립유전자와의 교차가 이루어지는데 이것은 유전자 간의 위치에 따라 교차될 수 있는 빈도가 결정된다는 이론을 담고 있다.

 이것이 토마스 모건의 '유전자설'이다. 모건의 유전자설은 유전학의 막혀 있던 물꼬를 트는 엄청난 사건이었다.

오랜 세월, 아무 관심도 못 받고 있던 멘델의 유전법칙은 멘델의 유전학에 큰 관심을 갖고 있던 모건이 1904년 초파리$^{Drosophila\ Melanogaster}$에 대한 연구를 시작하면서 재조명되기 시작했다.

초파리.

모건이 유전 연구에 있어 초파리를 선택하게 된 이유는 생애주기가 짧고 엄청난 수의 알 - 암컷 한마리가 1000개를 낳음 - 을 낳으며 겉으로 드러난 형질이 분명해 돌연변이 관찰이 쉬웠기 때문이다. 게다가 초파리는 큰 공간이 필요하지 않았고 먹이 비용도 아주 저렴했다.

초파리의 유전정보는 인간과 60% 같다. 완두콩에 비해 훨씬 복잡한 유전형질을 가지고 있었다. 그러면서도 염색체는 4개밖에 되지 않아 다양한 유전적 특성을 연구하기에 매우 편리했다. 이러한 초파리의 유전적 특성은 인간유전자 연구에도 실질적인 도움이 되었다.

재미있는 것은 모건이 생물학자이자 유전학자였으면서도 다윈의 진화론과 멘델의 유전법칙을 의심했다는 것이다. 철저하게 실험을 중시했던 모건은 유전원리에 대한 의문을 초파리 실험을 통해 증명하고자 노력했다.

연구 초기, 모건이 집중적으로 열정을 쏟았던 실험은 빨간눈 초파리에서 흰눈 초파리가 나오는 이유를 알아내는 작업이었다.

모건은 멘델과 같은 방법으로 1세대에 순종 빨간눈과 흰눈을 교배하여 2세대 모두 빨간눈 초파리를 얻는다.

이것으로 빨간눈이 우성임을 안 모건은 2세대 빨간눈들을 자가교배시켜 3세대 초파리를 얻게 된다. 문제는 여기서 발생했다. 멘델의 유전법칙에 따르면 3세대 초파리들의 표현형은 빨간눈:흰눈=3:1의 비율로 나와야 한다.

하지만 모건이 관찰한 초파리는 빨간눈:흰눈=4:1의 비율로 나온 것이다. 그나마 흰눈 초파리들은 모두 수컷뿐이었다.

모건은 이 실험을 통해 초파리에는 멘델의 완두콩과는 다른 유전법칙이 작용하고 있을지 모른다는 생각을 하게 된다.

이후 제자들과 팀을 이룬 모건은 집요하고 끈기 있는 초파리 연구를 통해 멘델의 독립법칙이 초파리에게는 적용되지 않으며, 그 원인은 유전형질은 염색체 상에 있으며 그 일부가 서로 연관되어 움직인다는 가설을 세우게 된다.

결국 모건은 초파리 눈 색깔을 결정하는 염색체가 성염색체인 X염색체 위에 있다는 결론을 내리게 되고 40여 종이 넘는 돌연변이 초파리를 발견함으로써 동일한 염색체 상의 연관된 유전자가 함께 유전된다는 사실과 유전형질이 담긴 유전자가 염색체 위에 길게 구슬처럼 엮여 직선으로 놓여 있다는 것을 밝혀내게 되었다.

이것은 유전학의 역사에서 매우 중요한 발견이었다. 유전형질이 염색체 위에 마치 구슬처럼 연결되어 배치되었다는 것은 유전자의 위치를 알 수 있다는 이야기가 된다.

앞서 살펴보았듯 연관유전자의 교차율에 따라 유전자의 위치를 알 수 있고 유전자 지도를 만들 수 있기 때문이다.

이것을 기념하여 염색체 위에 유전자 간의 거

리를 나타내는 단위는 모건의 이름을 따서 센티모건centimorgan, cM으로 제정되었다.

이뿐만 아니라, 모건은 이어진 연구를 통해, 하나의 염색체 속에는 수많은 유전 형질이 들어 있다는 것을 알게 되었다.

동일 염색체 상의 다양한 유전형질들은 왜 독립적이면서도 연관되어 함께 움직이는지 궁금했던 모건은 그 해답을 찾아내게 된다.

그것은 생식세포 형성 시 세포가 감수분열을 할 때, 염색체가 서로 뭉치는 현상 때문이라는 것이다. 이것은 우리가 앞서 살펴본, 세포가 성염색체 형성을 위해 감수분열을 할 때, 상동염색체가 자신을 복제하여 2가염색체가 되어 서로 붙은 다음, 유전자 교환이 일어나 재조합되는 현상이다.

모건은 이런 현상을 재조합recombination이라고 불렀으며 유전자의 재조합 현상은 1909년, 벨기에의 세포학자 얀센Frans Alfons Janssens도 발견한 바 있다.

모건은 유전형질이 부모에게서 자식에게 어떤 방식으로 전해지는지 실질적인 원리를 실험을 통해 밝혀낸 학자였다.

그의 업적은 현대 유전학 발전에 초석이 되었을 뿐만 아니라, 의료, 인간유전 연구, 유전병, 예방의학, 질병 규명 등 수많은 후속 연구에 도움을 주었다. 그리고 이러한 공로를 인정받아 1933년 노벨 생리의학상을 수상하게 되었다.

초록 머리가 된 앤

염색의 역사와 과학적 원리

 마릴라는 앤의 머리카락을 자를 수밖에 없었다. 앤이 산 염색약의 초록색물이 빠지지 않았기 때문이다.

 앤이 상상했던 멋진 검은 머리는 이내 꿈속으로 사라져 버리고 말았다.

 앤이 사용했던 염색약의 성분은 알 수 없다. 하지만 누군가는 빠지지 않는 염색약은 좋은 게 아닐까? 라고 생각할 수 있다. 과연 그럴까?

지금부터는 앤을 절망 속으로 몰아넣었던 머리 염색의 역사와 과학적 원리를 알아보자.

유행을 선도한 빨간 머리 여왕!

인류가 머리 염색을 시작한 것은 언제부터였을까? 현대의 머리 염색은 예술의 한 분야라고 해도 과언이 아닐 정도로 다양하고 멋지다.

화학과 미용기술의 발전은 간편한 염색 방법과 다양한 칼라 염모제를 탄생시켰다. 이것만 보면 머리염색의 역사가 근·현대에서 시작된 과학기술의 부산물처럼 여겨질지 모른다.

그러나 머리 염색의 역사는 아주 고대로 거슬러 올라가야 할 만큼 오래된 문화다.

기원전 3000년경 이집트의 세스 여왕은 아름다운 머리를 가꾸기 위해 모발염색을 했다고 한다. 여왕이 사용했던 재료는 헤나라는 식물로, 헤나는 열대성 관목(키가 2-3m 내외의 작은 나무)인 로소니아 이너미스$^{Lawsonia\ inermis\ L.}$의 잎을 따서 말린 다음 가루로 만든 염모제다.

중동지방에 널리 분포하는 헤나는 고벨화 Camphire로도 알려져 있다. 고벨화는 히브리어 코페르에서 온 것으로 코페르의 아랍식 이름이 헤나다. 헤나의 꽃인 고벨화는 구약성경에 기록될 만큼 오랜 역사를 지니고 있다.

이렇듯 헤나henna는 고대로부터 잎은 모발 염색과 문신에, 꽃은 향수와 입욕제, 화장품으로 사용되었으며 항균 작용이 있어 약용으로도 이용되었다. 또한 화학 염모제

고대부터 염색을 위해 다양한 재료가 사용되었다. 헤나 가루와 문신.

가 많은 현대에 이르기까지도 헤나를 주원료로 만든 천연 염색약이 상품화되고 있을 정도로 오랜 세월 사랑받고 있는 염모제 중 하나다.

이 외에도 이집트인들은 흰머리를 가리고 아름다운 머리색을 내기 위해 거북이 등껍질, 올챙이 말린 것, 새끼 사슴 뿔가루 등을 이용했다.

고대 그리스인들은 길고 곱슬곱슬한 머리를

남·녀 모두 밝은 컬러로 염색했다. 이들은 노란 꽃가루, 밀가루, 사금 등을 이용해 머리를 황금빛으로 물들였는데 이것은 올림푸스 신들처럼 되고 싶은 마음에서였다. 이들은 알카리 성분이 강한 표백제로 금발이나 붉은색으로 머리를 물들였으며 일광욕이 탈색에 도움된다는 것을 알고 일광욕을 즐겼다.

하지만 이에 대한 대가는 혹독했다. 너무 지나친 표백과 일광욕으로 탈모에 시달렸으며 심한 경우 사망하기도 했다고 한다.

로마인들은 감국과 호두 껍데기를 끓여서 만든 염료나 염소기름을 넣은 재 등을 이용해 남자들은 흰머리를 어두운 색으로 물들였고 귀족 여성들은 금발로 염색을 했다.

로마는 남·녀를 불문하고 외모를 꾸미는데 매우 적극적인 문화를 가지고 있었다. 머리 염색뿐만 아니라, 목욕과 화장, 메이크업, 향수 등의 문화가 굉장히 발달했다.

르네상스 시대에는 가발이 유행했으며 금발로 염색하는 것을 선호했다. 주로 식물성 원료를 재료로 했으며 오랑캐꽃을 빻아서 만든 염료 등을 사용했다.

16세기 프랑스에서는 헤어 파우더가 유행했다. 다양한 색깔의 헤어파우더는 층층이 쌓아올린 가발과 함께 큰 인기를 끌었다.

만약 앤이 영국을 강대국의 반열에 올려놓은 엘리자베스 1세$^{Elizabeth\ I}$가 붉은 머리카락을 가지고 있었다는 것을 알았다면 자신의 머리카락에 좀 더 자부심을 가졌을까?

영국인들의 자랑이자 패션의 아이콘이었던 엘리자베스 1세는 보석과 각종 자수로 화려하게 장식한 드레스와 장신구, 헤어스타일 등으로 유명한 여왕이다.

여왕의 화려하고 멋진 패션센스는 유행을 선도했으며 세간에 화제가 되었다. 최초의 유행했던 헤어칼라도 바로 엘리자베스 1세의 붉은 머리에서 영감을 받은 빨강이었다고 한다.

산화 염모제의 탄생

고대로부터 내려온 모발염색의 오랜 전통과 왕가와 귀족들에 의해 전해진 염색문화는 19세기 유럽에서 산화 염모제가 탄생할 수 있는 문화적, 역사적 발판이 되었다.

산화염모제는 알칼리계 염모제로, 제1제 염모제와 제2제인 산화제를 섞어서 사용하며, 과산화수소가 멜라닌 색소를 탈색한 후 염료를 넣어 발색하게 하는 염색약을 말한다. 산화염료의 종류로는 검은색-파라페닐렌디아민$^{p-Phenylenediamine}$, 흑갈색-파라트리렌디아민, 적색-모노니트롤페닐렌 디아민 등이 있다.

산화 염모제의 시작은 1818년 프랑스 화학자 루이테나르^{Thenard}가 과산화수소를 발견하면서 개발되기 시작했다.

최초로 과산화수소를 이용해 염색을 한 사람은 1860년 나폴

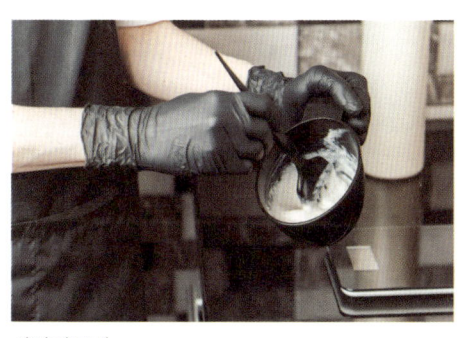

산화염모제.

레옹의 애인이었던 코라 펄(Cora Pearl)로 알려져 있으며 과산화수소는 주로 탈색에 이용되었다.

1863년 독일 화학자 호프만^{Hoffmann}이 검은색을 내는 산화염료인 파라페닐디아민^{paraphenylenediamine,} ^{PPDA}을 발견하게 되었다.

이 발견으로 1883년 파리의 화장품 회사인 모네사는 최초로 파라페닐디아민을 이용한 염색 특허를 내고 1907년 상용화에 이른다. 이것이 현대 화학적 염색의 시초였다.

하지만 모네사의 염모제는 흰머리를 가리는 정도였고 오늘날과 같이 다양한 종류의 염모제는 아니었다.

또한 파라페닐디아민의 성분은 알르레기, 피부자극, 가려움 등의 부작용이 있으며 심하면 호흡곤란 증세가 있을 수도 있어 사용법을 잘 숙지해야 한다.

빨간 머리 앤의 배경이 되었던 19세기 후반에서 20세기 초에는 합성 화학 염색약이 개발되고 있던 초창기였다. 아마도 앤은 오래전부터 전해 내려오던 각종 민간재료와 방물장수의 창의력이

가미된 이름 모를 재료를 과산화수소나 암모니아에 섞어 액상 형태로 만든 염색약을 발랐던 것이 아니었을까 추측해본다.

1925년 프랑스 화학자 외젠 슈엘러^{EugeneSchueller}가 합성 염모제를 개발하였고 산화염료를 원료로 다양한 색상의 염모제가 개발되기 시작했다. 이후 유진 슈엘러는 1910년 로레알$^{L'Oreal}$의 창립자가 된다.

현재 우리가 사용하고 있는 크림 타입의 염모제는 1935년에 출시되었다. 그 뒤 1950년 염색약이 세계적으로 알려지면서 현대에까지 이르고 있다.

현대에는 초창기 가루형, 액상형, 크림형을 지나 간편한 거품형까지 다양한 제형을 거치며 발전하였고 염색약의 자극으로부터 두피 보호, 알레르기 반응, 안전성을 위해 다양한 천연재료들을

염색약.

이용한 염색약들이 개발되고 있다.

염색의 원리

염모제가 머리카락에 색깔을 입히는 화학적 원리는 무엇일까?

우리의 머리카락은 가늘어 보여도 다양한 층으로 구성되어 있다. 가장 겉표면은 생선비늘처럼 생긴 비늘층이 있는데 이것을 모표피^{Cuticle}라고 한다. 모표피의 두께는 약 0.005㎜이고 4~20 정도 겹쳐져 있는 형태로 되어 있다. 모표피가 강할수록 머리카락이 단단하다.

모표피의 아래층에는 모피질^{Cortex}이 있다. 모피질은 머리카락 전체의 약 85~90%를 차지하며 케라틴 단백질과 펩티드로 구성되어 있다.

모피질층 안에는 멜라닌 색소가 들어 있는데 바로 이 멜라닌에 의해 머리 색깔이 결정된다.

모피질층 안쪽에는 모수질^{Medulla}이 있다.

모수질은 머리카락의 가장 중심부에 있으며 연필심처럼 생겼다. 모수질은 벌집 모양의 세포가 머리카락 길이 방향으로 나열되어 있으나 머리의 굵기에 따라 모수질 세포가 비어 있는 사람도 있다.

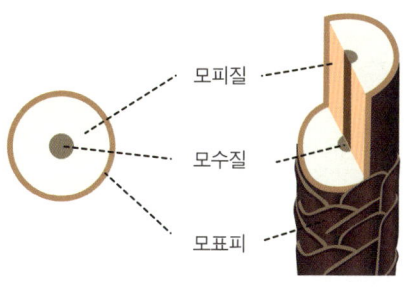

머리카락 구조.

염모제의 종류로는 일시적 염모제, 영구염모제가 있다. 일시적 염모제는 이름처럼 일시적으로 머리카락에 색깔을 칠하는 원리다. 장점은 모발 손상이 적다는 것과 단점으로는 금방 염색이 지워진다는 것이다.

일시적 염모제의 종류로는 컬러린스, 컬러 스프레이, 헤어 컬러 마스카라, 헤어 컬러 크레용 등이 있다.

우리가 일반적으로 염색이라고 할 때는 영구염모제를 사용한 염색을 말한다. 말 그대로 영구적으로 지워지지 않는 염모제로 흰머리를 검게 하거나 산화염료를 사용하여 다양한 헤어컬러와 밝기 조절이 가능하다.

장점으로는 염색의 지속력이 영구적이며 단점으로는 염모제를 머리카락의 모피질까지 침투시켜야 하기 때문에 모발 손상과 알레르기, 두피손상 등의 부작용이 있을 수있다.

영구염모제는 1제와 2제로 구성되어 있으며 이 둘의 역할이 각각 다르다.

제1염모제에는 알칼리성인 암모니아가 들어 있다. 암모니아는 모표피의 비늘처럼 겹겹이 쌓인 큐티클층을 들어내는 역할을 한다.

이것은 모표피가 산성에는 강하지만 알칼리성에는 약한 원리를 이용한 것으로 알칼리성인 암모니아를 사용해 모표피가 들뜨도록 만드는 것이다.

이렇게 모표피를 들뜨게 만들면 그 사이로 염료를 모피질까지 침투시킬 수 있기 때문이다.

제2염모제에는 과산화수소가 들어 있다. 과산화수소는 제1염모제가 들뜨게 만든 큐티클층 사이를 뚫고 들어가 모피질에 침투하여 멜라닌 색소를 산화시켜 탈색하는 역할을 한다.

또한 염모제에는 다양한 염료가 들어 있다. 암모니아가 모표피를 들뜨게 하고 과산화수소가 탈색을 하면 염료가 들어가 산소와 반응을 하게 된다.

염모제의 염료는 입자가 고운 상태로 침투해 과산화수소의 산화반응 중에 생긴 산소와 반응하여 입자가 부풀려진다.

이렇게 부풀려진 염료는 모표질에서 바깥으로 나오기 힘든 상태가 되어 지속력이 높아지는 것이다.

이런 원리로 염모제가 연출하는 머리카락의 색깔은 과산화수소의 반응 상태와 암모니아의 양에 따라 다양하게 결정된다.

멋내기용 염모제의 경우 강한 탈색이 이루어져야 하기 때문에 모표피의 큐티클층을 더욱 강하게 열어주는 암모니아와 멜라닌 색소를 더 많이 탈색하기 위한 과산화수소의 비율이 흰머리를 염색하는 새치용 염모제에 비해 상대적으로 높다. 때로는 염모제에서 강한 냄새가 나는 경우가 있는데 암모니아 때문이다.

이에 반해, 흰머리 염색을 하는 새치용 염모제는 기존의 검은 머리카락의 색이 탈색되면 안 되기 때문에 과산화수소의 양이 적고 바로 중화단계를 거쳐 염료가 안착할 수 있도록 만들어졌다.

현대는 노령인구 증가와 개성 있는 자기 연출로 인해 염모제의 소비가 급속도로 증가하고 있다, 하지만 염모제의 원리가 두피와 모발 손상을 필연적으로 불러일으키는 구조로 되어 있어 무분별하게 사용해서는 안 될 것이다.

최근 염모제를 만드는 기업들의 최대 고민은 머리카락의 손상을 최소화하면서도 아름다운 발색이 가능한 안전한 염모제 개발에 초점이 맞춰져 있다.

이런 이유로, 오랜 역사를 가진 헤나와 캐모마일 등 자연식물 추출물을 이용한 천연 염모제 등에 관심이 쏠리기도 한다.

안타깝게도 앤이 선택한 염모제는 가짜였으나 20세기 화학의 발전은 앤이 그토록 바라던 멋진 검은색 머리카락을 만들어주는 꿈을 이루어냈다. 다가오는 미래의 화학도 의료, 생명공학, 에너지, 우주항공 등 다양한 분야에서 인류의 꿈을 이루어 줄 것이다.

불행한 백합 아가씨

 시간은 흘러 한여름이 되었다. 어느 여름 오후, 앤과 다이애나, 루비, 제인은 밸리 호숫가에서 즐거운 시간을 보내고 있었다. 앤이 학교에서 배운 테니슨의 시 〈엘렌〉을 연극으로 꾸미자고 한 뒤 누가 주인공이 될지에 대해 서로 의견을 내놓았다.
 "물론 앤이 엘렌을 해야지."
 "어머, 그건 말도 안 돼. 엘렌은 빛나는 머리를 길게 늘어뜨린 백합 공주야. 빨간머리인 내가 백합공주가 될 수는 없어."
 "아니야. 너는 피부도 하얗고 머리카락 색도 전보다 훨씬 짙어

진걸."

"정말 내 머리카락이 적갈색이 되었다고 생각해? 그렇게 믿어도 될까?"

"응. 정말 예쁘다고 생각해."

적갈색으로 빛나는 앤의 머리카락을 보며 다이애나가 대답했다.

"좋아. 내가 엘렌을 할게. 루비 너는 아서 왕이야. 제인은 왕비. 다이애나는 랜슬롯이고. 나는 이제 이 작은 배에 누워서 떠내려갈게."

앤은 작은 배 안에 다이애나 엄마의 낡은 숄을 펼쳐 놓고 그 위에 누워 눈을 감고 두 손을 가슴 위에 얹었다.

"제인, 엘렌은 죽었으니까 이제 네가 지시해."

제인은 노란색 피아노 덮개를 앤에게 덮어준 뒤 백합꽃 대신에 아이리스를 앤의 손에 쥐어주고는 다이애나와 루비를 향해 말했다.

"이제 우리는 앤의 이마에 키스하고 안녕을 말한 뒤 배를 밀면 돼."

세 사람은 앤이 탄 배를 힘껏 밀었다. 그러자 배는 낡은 말뚝에 쿵 하고 부딪친 후 물결을 타고 아래로 내려가기 시작했다.

세 사람은 숲을 빠져나가 호수 아래쪽에서 배를 기다리기 위해 빠르게 뛰기 시작했다.

　모든 것은 순조롭게 흘러가고 있는 듯했다. 그런데 배가 말뚝에 부딪쳤을 때 금이 가기 시작했는지 배 바닥에서 물이 스며들어오기 시작했다.

　앤은 비명을 질렀지만 아무도 들을 수가 없자 배가 다리를 지날 때 다리의 기둥에 매달리기로 했다. 유일한 희망이었다.

　하나님께 부디 배가 다리의 기둥을 지나게 해달라고 애타게 기도하는 사이 배가 기둥에 부딪치자 앤은 재빨리 기둥을 잡고 매달렸다.

　그런데 기둥은 너무 낡고 미끌거려 올라갈 수도 내려갈 수도 없었다.

　한편 배를 기다리던 아이들은 배가 중류에서 사라지는 모습을 발견하고 새파랗게 질려 비명을 지르며 집을 향해 뛰어갔다.

　그동안에도 기둥을 붙잡고 있는 힘껏 버티던 앤은 친구들이 자신을 발견하고 구해주길 기다리기엔 견딜 수 없을 거 같다는 생각이 들어 절망하던 그때 길

버트가 작은 배를 저어 오고 있는 것이 보였다.

길버트는 앤을 발견하자 놀라면서 기둥 옆까지 와 손을 내밀었다. 진흙투성이가 된 앤은 정신없이 길버트의 손에 매달려 배 안으로 내려왔다.

"도대체 어떻게 된 거니, 앤?"

"백합 공주 엘렌을 연극으로 해보려다가 이렇게 됐어."

친절하게 선착장까지 앤을 데려다준 길버트는 앤의 팔을 잡고 말했다.

"앤, 이제 그만 우리 친하게 지내면 안될까? 내가 네 머리를 가지고 놀렸던 거 정말 미안해. 이제 정말 나의 친구가 되어줘."

앤은 순간 묘한 기분이 들면서 가슴이 두근거리기 시작했다 그런데 그때의 분했던 감정도 되살아나서 앤은 망설이지 않고 말했다.

"구해줘서 고맙지만 난 너와 친구가 되고 싶지 않아."

"좋아. 나도 앞으로는 이런 부탁 두 번 다시 하지 않을 거야."

길버트는 배에 뛰어오른 뒤 노를 저어 가버렸다.

집으로 돌아오던 앤은 숨넘어갈 듯이 호수를 향해 뛰어오는 제인과 다이애나를 만났다. 다이애나는 앤의 목을 끌어안고 소리 지르며 울음을 터뜨렸다.

"앤, 우린 네가 죽은 줄만 알았어. 어른들께 도움을 청하려고 했지만 어른들이 안 계셨어. 어떻게 된 거니?"

"다리 기둥에 매달려 있다가 길버트가 도와주었어."

"어머나 길버트가 그렇게 멋진 일을 하다니…… 그럼 이제 길버트와 말을 하겠구나?"

"그런 일은 없을 거야. 너희를 걱정시켜 미안해. 모두 내 잘못이야. 그보다 다이애나, 너의 아버지 배를 망가뜨려 어쩌지?"

짐작한 대로 밸리 가와 커스버트 가에서는 대단한 소동이 일어났다.

"언제쯤 철이 들 거니, 앤."

"이젠 철이 들 거예요. 오늘 했던 경험으로 제가 너무 지나치게 낭만적인 것을 알게 되었거든요. 이젠 저도 변할 때가 된 거 같아요."

"그렇다면 다행이구나."

마릴라가 방을 나가자 매슈가 앤의 어깨에 손을 얹고 속삭였다.

"낭만적인 모습이 모두 사라진 너의 모습은 전혀 상상할 수가 없구나. 그러니 아주 조금은 그런 모습을 남겨 두렴."

연극 〈백합공주 엘렌〉

베르누이 효과와 유체역학

염색사건이 있은 후, 뼈아픈 반성의 시간을 보낸 앤은 한층 더 성장하게 되었고 잘못에 대한 책임을 배우게 된다.

그 후로도 에번리 마을의 시간은 흘러, 무더운 여름이 되었다. 앤은 친구들과 함께 밸리 호숫가에 모여 테니슨의 시 '엘렌'을 연극으로 꾸미고 있었다.

앤은 백합공주 엘렌의 역할을 맡아 다이애나

아버지의 작은 배를 타고 호수 위를 떠내려가게 된다. 앤이 탄 배는 말뚝에 한번 부딪히고는 호수 아래쪽으로 쏜살같이 내려간다.

낭만에 가득 찬 소녀들의 이 멋진 연극은 다시 한 번 엄청난 소동을 불러오는데 이번에는 앤의 목숨이 달린 절체절명의 순간이었다.

앤이 탄 배가 호수 깊이 박혀 있던 말뚝에 부딪히면서 바닥에 구멍이 난 것이다. 앤이 간신히 다리 기둥에 올라타자 구멍 난 배는 다리 밑을 떠다니다가 순식간에 가라앉고 말았다. 다행히 앤은 길버트의 도움을 받아 위험에서 벗어나게 된다.

만약 앤이 흐르는 물이 얼마나 위험한지 조금이라도 알고 있었다면, 노 없이 과감하게 배에 누워 떠내려갈 생각은 절대 하지 않았을 것이다.

비교적 물살이 세지 않아 보이는 수면을 보고 수면 아래를 판단하면 안 된다. 물 밑의 지형에 따라 수면 아래의 유속이 달라지기 때문이다. 문제는 우리 눈으로 수면 아래의 지형을 쉽게 관찰할 수 없다는 것이다.

유체역학은 오랫동안 과학계에 많은 영향을 주

었고 우리 생활에 편리함과 많은 이익을 주고 있지만 여전히 연구되고 있는 학문 분야이다. 흐르는 유체(액체, 기체)는 변수가 너무 많아 이해하기 쉽지 않은 분야이기도 하며 앞으로도 다양한 분야에서 이용할 수 있기 때문이다.

그렇다면 유체의 원리를 설명하는 이론으로는 무엇이 있을까? 비교적 우리 생활 속에 널리 알려진 유체의 원리를 알아보자.

부력

유레카! 세계에서 가장 유명한 환호성이다. 고대 그리스 수학자인 아르키메데스가 히에론 왕으로부터 받은 숙제를 고심 끝에 풀어낸 기쁨의 표현이었다.

히에론 왕은 새로 만든 왕관의 품질을 의심했다. 왕관 제작자를 믿을 수 없었던 왕은 유명한 아르키메데스를 불러 왕관을 훼손하지 않고 금의 함량을 알아낼 것을 명령했다.

아르키메데스는 고심에 빠졌다.

그러던 어느 날 욕조에 몸을 담그던 아르키메데스는 욕조에서 일어났다 다시 앉아 보았다. 그때마다 욕조 밖으로 물이 넘쳐흐르는 것을 보던 아르키메데스의 머리에 엄청난 아이디어가 스쳤다.

아르키메데스가 부력을 발견한 '유레카'의 순간이었다.

부력을 발견한 아르키메데스.

이 발견은 아르키메데스 자신뿐만이 아닌 인류 전체에게도 엄청난 사건이었다. 부력의 발견으로 인해 인류는 배와 비행기를 만들 수 있었다. 또한 과학과 기술의 기초를 마련했으며 설명할 수 없는 물리적 현상들을 수학으로 풀어낼 수 있게 해 주었다. 아르키메데스의 발견으로 인해 인류는 또 한 번 발전할 수 있었으며 기초 과학의 초석을 마련했다.

엄청난 무게의 철로 만든 배가 바다 위에 떠다닐 수 있는 것은 부력 덕분이다. 부력은 물이나 공기와 같은 유체(흐르는 물질)에 잠긴 물체가 누르는 중력에 반하여 위로 밀어 올리는 힘을 말한다.

아르키메데스가 발견한 것처럼 부력에 영향을 주는 것은 무게다. 부력은 유체를 밀어낸 물질의 무게만큼 작용한다.

여기서 무게는 물체가 물에 잠긴 면적에 해당하는 부피에 대한 무게만을 말한다. 또한 부력은 물체의 종류와 질량과도 상관이 없다.

예를 들어, 부피가 $1cm^3$(가로, 세로, 높이가 각각 1cm)인 질량 10kg의 돌과 질량이 5kg의 나무토막이 있다고 생각해보자.

이 두 물체를 완전히 물에 잠기게 했을 때 여기에 작용하는 부력의 크기는 얼마일까? 경험적으로 우리는, 무거운 돌과 가벼운 나무토막의 부력이 다르다고 생각한다. 실제 질량도 다르기 때문이다.

그러나 이 두 물체에 작용하는 부력은 같다. 믿고 싶지 않겠지만, 이것은 과학적 사실이다.

부력은 질량이 아닌, 부피와 연관이 있다. 꽁꽁 언 만두를 물에 넣으면 가라앉지만, 물이 끓어 만두 속의 부피가 커지면 물 위에 동동 떠오르는 원리와 같은 것이다.

조금 더 자세히 이야기 하자면, 부력은 물에 잠긴 물체의 부피에 해당하는 물의 무게라고 할 수 있다. 아르키메데스는 이 원리를 직관적으로 알았다.

그래서 히에론 왕의 왕관을 훼손하지 않고 물에 넣어 왕관의 부피에 해당하는 만큼 빠져나온 물의 무게를 재는 방법으로 왕관의 진위여부를 가려낸 것이다.

실제 히에론 왕이 보석세공업자에게 준 금덩이를 물통에 집어넣자 빠져나온 물의 무게가 왕관보다 훨씬 무거웠다.

이것은 왕관제작을 위해 준 금덩이에 비해, 왕관에 들어간 금의 함량이 훨씬 적다는 것을 알 수 있는 증거였다.

다시 돌과 나무토막으로 돌아가보자.

이번에는 물에 잠기게 하는 힘을 놓았을 때, 두 물체는 어떻게 될까?

당연히 나무토막은 위로 떠오르는 반면, 돌은 가라앉는다. 분명, 부력이 같다고 했는데 왜 돌은 가라앉는 것일까?

이유는 중력이 다르기 때문이다. 같은 부피의 물체라면 같은 부력을 받는다. 하지만 앞서 이야기했듯이, 부력과 관련이 있는 것은 질량이 아닌, 무게다.

질량은 물질 고유의 양으로 중력과는 상관이 없다. 하지만 무게는 중력과 상관이 있으며 무게 안에는 중력가속도가 포함되어 있다.

그래서 무게를 나타내는 단위가 N(뉴턴, 무게단위)이다. 돌과 나무토막에는 같은 부력이 작용하지만, 무게 즉 이 물체에 가해지는 중력은 다르다. 상대적으로 중력이 더 크게 작용해서 무게가 무거운 돌은 부력을 이기고 가라앉는다. 반대로 중력이 약한 나무토막은 부력이 더 강해 위로 떠오르게 되는 것이다.

돌처럼 부력보다 중력이 더 강한 경우를 '음성 부력'이라고 한다. 잠수함이 가라앉는 원리다.

잠수함은 물속으로 잠수를 할 때 잠수함 양 끝에 있는 물탱크에 물을 가득 채워 중력의 힘을 더 강하게 만든다.

물탱크에 물을 가득 채워 강한 중력의 힘으로 가라앉는 잠수함.

반대로 물 위로 부상할 때는 중력의 힘을 줄이고 부력의 힘을 키우기 위해 물탱크의 물을 빼고 압축공기를 채우는 방식으로 무게를 가볍게 한다. 이렇게 부력이 중력보다 커지는 상태를 '양성 부력'이라고 한다.

앤이 탄 배는 노가 없는 배다. 노는 배의 방향

을 조정할 수 있는 중요한 도구다.

하지만 앤은 작은 나룻배의 노가 얼마나 중요한지 알지 못했다. 그저 부력의 원리로 떠 있는 배는 물결이 흐르는 대로 떠 갈 수밖에 없을 뿐만 아니라 부력을 상실하는 순간 침몰해버리고 만다.

안타깝게도 이 날 앤은 운이 없었다. 배는 호수 깊이 박혀 잘 보이지 않는 말뚝에 부딪히면서 구멍이 나버렸고 배를 지탱하는 유일한 힘인 부력을 잃어버리고 만 것이다.

유체의 운동

> **연속방정식**
>
> 유체의 운동을 설명하는 다양한 이론 중에 기초적인 것으로 연속방정식과 베르누이의 정리가 있다.

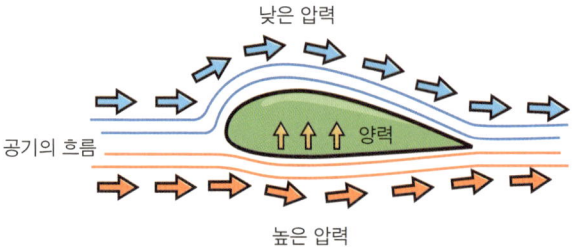

베르누이의 정리.

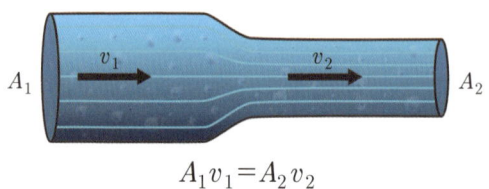

$$A_1 v_1 = A_2 v_2$$

연속방정식.

 연속방정식은 유체의 질량은 새롭게 생성되거나 없어지지 않는다는 유체 질량보존의 법칙을 적용하여 얻은 방정식으로, 유체가 좁은 곳을 지날 때는 속력이 빨라지고 넓은 곳을 지날 때는 속력이 느려지는 원리를 수식으로 나타낸 것이다.
 여기, 단면적의 크기가 다른 관이 이어져 있다. 이 관의 왼쪽 단면적은 좁고 오른쪽으로 갈수록 넓어진다. 이 관의 왼쪽에서 오른쪽으로 이상유체가 흐른다고 가정해보자.

이상유체$^{ideal\ fluid}$란, 유체의 흐름을 방해하는 저항인 점성이 없고, 시간 변화에 따른 속도가 일정하며 압축되지 않는 유체(힘을 가하지 않은)를 말한다. 물론, 이상유체는 실험을 위한 가상 조건 속의 유체다. 실생활에서 볼 수 있는 유체의 흐름은 이상유체와 같이 일정할 수 없다.

이때 면적이 좁은 관을 흐르는 유체와 면적이 넓은 관을 흐르는 유체의 질량은 같다(유체 질량보존의 법칙). 다시 말해, 유체가 같은 시간 동안 좁은 단면적을 흐를 때나 넓은 단면적을 흐를 때나 흘러가는 양이 똑같다는 것이다.

이런 조건 아래에서 좁은 면적을 흐르는 유체의 속력은 빨라지고 넓은 단면적을 흐르는 유체의 속력은 느려진다.

시냇물의 흐름에서도 연속방정식을 관찰할 수 있다.

굳이 어려운 수식을 적용하지 않더라도 우리의 경험적 사실만으로도 이 원리를 이해할 수 있다. 같은 양의 물이 같은 시간 안에 좁은 곳과 넓은 곳을 흘러야 한다면 당연히 좁은 곳을 흐를 때, 속도가 빨라져야 한다. 그래야만 같은 질량에 해당하는 유체가 전부 흘러갈 수 있기 때문이다.

상대적으로 넓은 곳을 흐르는 유체는 상대적으로 빨리 가지 않아도 모든 양의 유체가 한꺼번에 흐를 수 있기 때문에 천천히 흘러도 된다.

이것을 수식화한 것이 유체의 연속방정식이며 간단히 나타내면 다음과 같다.

$$A_1 v_1 = A_2 v_2$$

A_1: 좁은 관의 단면적, v_1: 좁은 관을 흐르는 이상기체의 속력
A_2: 넓은 관의 단면적, v_2: 넓은 관을 흐르는 이상기체의 속력

이 식을 만족하기 위해서는 속력 v_1과 v_2는 반비례할 수밖에 없다. 유체의 연속방정식은 이상유체가 흐르는 단면적에 따라 속도의 변화를 알 수 있는 식이다.

베르누이의 정리

1738년, 스위스의 수학자이자 물리학자인 다니엘 베르누이는 그의 저서 《유체역학》을 통해 유체(흐르는 기체와 액체)의 기본적인 성질을 설명하였다.

이것이 유체역학의 기본 법칙 중 하나로 유명한 베르누이의 정리$^{\text{Bernoulli's principle}}$다. 베르누이의 정리는 유체가 좁은 곳을 통과할 때는 빠르게 흐르게 되어 압력이 낮아지고 넓은 곳을 통과할 때는 천천히 흐르게 되어 압력이 높아진다는 유체의 속도와 압력, 높이와의 관계를 수량적으로 공식화한 법칙이다(이상유체의 조건에서만 가능하다).

연속방정식이 유체의 질량보존법칙을 바탕에 두고 있다면 베르누이의 정리는 유체의 위치에너지와 운동에너지의 합은 항상 일정하다는 에너지보존법칙에 바탕을 두고 있다.

이 두 이론은 유체의 질량보존의 법칙과 에너지보존 법칙을 증명하는 식이기도 하다. 예를 들어보면, 여기 두꺼운 관과 얇은 관이 연결된 실험장치가 있다. 이 장치의 두꺼운 관과 얇은 관 아래로 각각 유리관을 연결한다. 이 두 유리관은 서로 연결되어 있다.

그리고 유리관 안에는 물이 차 있다. 이때, 두꺼운 관에서 얇은 관 쪽으로 공기를 흐르게 하면 어떤 일이 발생할까?

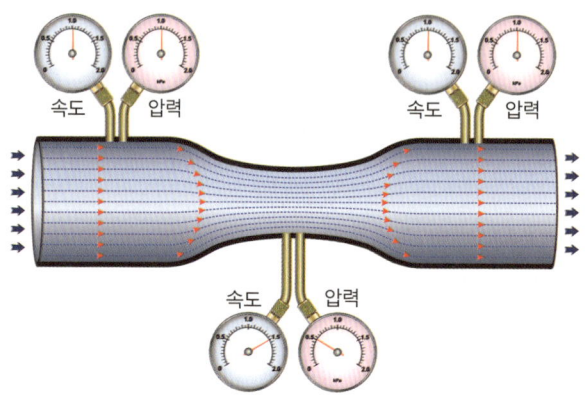

두꺼운 관과 얇은 관을 흐르는 공기의 속력은 다르다.

앞서 살펴본 연속방정식에 따라 공기가 두꺼운 관을 흐를 때는 속력이 느려지고 얇은 관을 흐를 때는 속력이 빨라진다.

공기의 속력이 느려진 두꺼운 관은 많은 공기가 정체되어 있어 기압이 높아진다. 반대로 얇은 관쪽 공기는 속도가 빨라 기압이 형성될 시간적

여유가 없어 압력이 낮아진다.

이렇게 두꺼운 관과 얇은 관 사이에 기압 차가 발생하고 이 두 관과 연결된 아래쪽 유리관에 고스란히 압력이 전해진다.

압력이 높은 두꺼운 관 쪽과 연결된 유리관 속 물은 높은 기압의 영향으로 수면이 내려간다. 반대로 얇은 관과 연결된 유리관 쪽은 저기압의 영향으로 수면이 올라간다(많이 내려가지 않는다).

이 실험으로 유체의 속력과 압력, 높이가 서로 관계되어 있다는 것을 설명할 수 있다.

같은 흐름 선상에 있는 유체의 A지점의 위치에너지와 운동에너지의 합은 B지점의 위치에너지와 운동에너지의 합과 같다는 것이 베르누이의 정리의 핵심이다.

이것을 간단한 식으로 나타내면 다음과 같다.

> A지점: $P + \rho gh + \frac{1}{2}v^2$
> $=$ B지점: $P + \rho gh + \frac{1}{2}v^2$
> $=$ 일정
>
> (압력) + (위치에너지) + (운동에너지) = 일정
>
> P: 압력 ρ: 밀도 g: 중력가속도 h: 위치 v: 속력

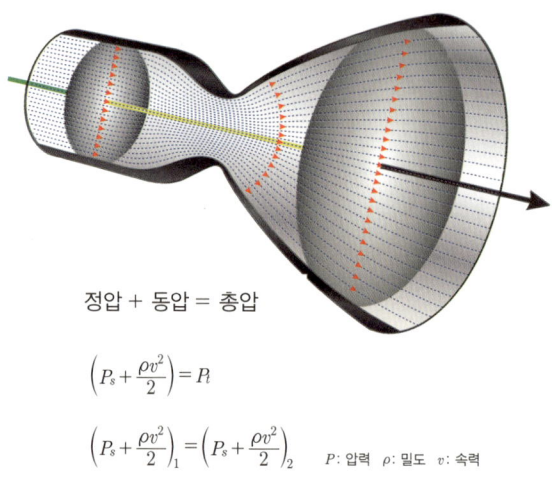

정압 + 동압 = 총압

$$\left(P_s + \frac{\rho v^2}{2}\right) = P_t$$

$$\left(P_s + \frac{\rho v^2}{2}\right)_1 = \left(P_s + \frac{\rho v^2}{2}\right)_2 \quad P: 압력 \quad \rho: 밀도 \quad v: 속력$$

베르누이 방정식.

만약 유체의 흐름이 같은 높이에서 흐른다면 위치에너지가 발생하지 않아 식은 더 간단해질 수 있다.

$$P + \rho gh + \frac{1}{2}\rho v^2 = 일정$$

$$P + \frac{1}{2}\rho v^2 = 일정$$

$$(압력) + (속력) = 일정$$

이 방정식을 통해 우리가 알 수 있는 것은 압력이 높아지면 유속이 느려지고 압력이 낮아지면 유속이 빨라진다는 것이다.

베르누이의 정리를 통해서는 압력을 알면 구체적인 속력을 구할 수 있다는 점이 연속방정식과 차이가 있다.

베르누이의 정리는 비교적 쉽고 간단하게 유체의 운동 성질을 설명하고 있으며 생활 곳곳에서 아주 유용하게 응용되고 있다.

그 대표적인 예로는 양력을 이용한 비행기, 송유관의 기름 속도, 분수의 압력 계산, 투수의 변화구, 차압식 유량계, 분무기, 변기, 날개 없는 선풍기, 파이프오르간 등이 있다.

이처럼 베르누이의 정리를 이용하여 발생하는

현상을 베르누이 효과라고 한다.

  베르누이 효과의 가장 대표적인 예로 비행기 날개의 양력을 들 수 있다. 비행기 날개는 아래쪽이 평평하고 위쪽은 볼록하게 디자인되어 있다. 비행기가 부상하기 위해 활주로를 고속으로 질주하기 시작하면, 날개 위쪽의 볼록한 부분으로 흐르는 공기는 속도가 빨라진다. 베르누이 효과에 의해 날개 위쪽은 속력이 빨라졌기 때문에 압력이 낮아진다.

비행기를 뜨게 만드는 양력은 베르누이 효과의 대표적인 예이다.

  위쪽과 반대로 날개의 아래쪽은 평평하기 때문에 공기의 속력이 느려지고 압력은 높아진다. 이

때, 힘은 날개 아래쪽의 높은 압력에서 날개 위쪽의 낮은 압력 쪽으로 작용하게 되는데 이것을 양력이라고 한다. 상하 날개의 압력 차로 인해 아래쪽에서 위로 양력이 작용하면 비행기가 뜨게 되는 것이다.

두 번째 예로 투수의 변화구를 들 수 있다.

투수는 야구공에 촘촘히 박힌 실밥의 홈을 이용해 공의 회전과 속력을 조절함으로써 변화구를 구사한다. 여기에도 베르누이 효과가 적용된다.

그런데 야구공은 비행기와는 조금 다르다. 야구공은 회전을 한다. 이처럼 회전하는 물체에 적용되는 베르누이 효과를 '마그누스 효과'라고 부른다.

마그누스 효과는 1852년 독일의 물리학자인 구스타프 마그누스$^{\text{Magnus, Heinrich Gustav}}$가 포탄의 탄도 연구를 통해 밝혀낸 원리로, 유체 속에서 회전하는 물체가 이동속도의 수직 방향으로 힘을 받아 휘는 현상을 말한다.

예를 들어보자, 투수가 야구공 오른쪽에 힘을 주어 던졌다. 오른쪽으로 회전하면서 날아가는 야구공은 시계 반대방향으로 회전을 한다. 이때 야구공의 오른쪽은 야구공의 진행 방향의 반대쪽에서 불어오는 공기저항을 받는다.

하지만 야구공의 왼쪽은 야구공의 진행방향과 반대로 흐르는 공기가 더해져 회전이 가속된다.

베르누이 효과에 의해 야구공의 오른쪽은 공기저항에 의한 마찰력으로 속력이 느려져 기압이 높아지고 왼쪽은 가속을 받아 속력이 빨라져 기압이 낮아진다.

이때 야구공은 시계 반대방향으로 회전하는 회전축의 수직인 오른쪽에서 왼쪽으로 휘게 된다.

이밖에도 베르누이 효과는 우리 속담에도 잘 나타나 있다. '바늘구멍으로 황소바람 들어온다'는 속담은 베르누이 효과를 잘 설명하고 있다.

베르누이 효과에 의해 공기는 큰 구멍보다 작은 구멍을 통과할 때 속력이 빨라진다. 앞서 이야기했듯이 같은 양의 유체가 좁은 통로를 지나려면 빠르게 이동하지 않으면 빠져나갈 수 없기 때문이다.

바늘구멍처럼 작은 통로를 지날 때는 더욱 세차

게 가속된다. 마치 황소가 달려드는 것처럼 말이다.

베르누이 효과는 앤에게도 적용되었다. 나룻배 바닥에 구멍이 난 걸 알아차린 앤은 당황스러워한다. 갑자기 유속이 빨라지자 앤의 마지막 희망은 다리 기둥으로 배가 다가가 기둥에 매달리는 일뿐이었다.

다리가 놓인 곳의 물살은 속도가 빨라진다. 다리를 놓게 되면 다리가 차지하는 크기만큼 강폭이 좁아지기 때문이다.

교각을 중심으로 물분자가 정열되면서 에너지를 쉽게 전달받을 수 있게 된다. 그래서 특히 교각 주변은 물살이 상대적으로 빠르게 흐르게 되고 수압이 낮아져 주변의 물체를 끌어들인다.

레프팅을 즐기기 위해 강을 따라 내려가다가 바위나 교각을 만나게 되면 혹시나 모를 사고를 방지하기 위해서 열심히 노를 저어야 한다. 그렇지 않으면 교각이나 바위 쪽으로 끌려 들어갈 수도 있기 때문이다.

레프팅을 하다 바위를 만나면 끌려 들어가지 않도록 주의해야 한다.

노도 없이 물살에 의지해 떠내려가던 앤의 작은 배는 다행히 다리 기둥을 만나게 되었다. 배는 베르누이의 효과에 의해 다리 기둥 쪽으로 끌려 들어가게 된 것이다.

결론적으로 노가 없는 앤을 살린 건 강물인 셈이다. 구멍이 나 부력을 잃고 가라앉는 배와 함께 휩쓸려 물에 빠지는 것보다 다리 기둥 쪽으로 배가 빨려 들어가는 것이 구조될 수 있는 확률이 더 높기 때문이다.

아마도 앤은 이 사건을 통해 알게 되었을 것이다. 절대 안전 장비 없이 함부로 물속에 들어가면 안 된다는 것을 말이다.

퀸스 반이 결성되다

 아름다운 가을 저녁, 다이애나가 초록 지붕의 집에 찾아왔다.
 "앤, 조세핀 할머니가 우릴 초대해주셨어. 시내에 있는 할머니 댁에서 묵으면서 품평회를 보라고 하셨어."
 "그게 정말이야? 그런데 마릴라가 허락해주실까?"
 "우리 엄마에게 부탁드려서 마릴라에게 허락을 받으면 될 거야."
 다이애나의 말대로 마릴라는 앤이 품평회에 가는 것을 허락했다.

화요일이 되자 아침 일찍 두 소녀는 밸리 씨의 마차를 타고 샤로트 타운의 너도밤나무 자택으로 갔다.

"앤 어쩌면 이렇게 많이 컸니! 그리고 지난번 보다 예뻐졌구나."

현관까지 마중 나온 조세핀 할머니가 반갑게 두 사람을 응접실로 안내했다.

"마치 궁전 같아. 나도 할머니 댁에 처음 와 보는데 이렇게 훌륭한 곳이라고는 생각도 못했어."

다이애나가 호화롭게 장식된 응접실을 보며 말했다.

"가난한 사람의 행복은 많은 상상을 할 수 있다는 점인데 이 방에는 장식품이 너무 많고 또 훌륭해서 더 아름다운 것들을 상상할 필요가 없을 거 같아."

수요일이 되자 조세핀 할머니가 품평회에 데려가 주셨다.

그곳에서 조지는 레이스 뜨기, 벨 씨는 돼지고기 요리, 린드 부인은 버터와 치즈에서 각각 1등을 차지했다.

경마장에도 데려가 주셔 내기가 옳지 않다고 생각한 앤은 아무것도 하지 않고 다이애나는 실컷 경마를 즐기면서 재미있는 한때를 보냈다.

목요일에는 마차를 타고 공원을 돌았고 밤에는 조세핀 할머니와 음악 학교의 콘서트에도 갔다.

　유명한 프리마돈나가 노래한 콘서트는 말로 표현하기 어려울 만큼 훌륭했다.

　밤 11시에 화려한 레스토랑에서 먹는 아이스크림도 매우 맛있었다. 아이스크림을 먹으며 조세핀 할머니가 말했다.

　"앤, 나와 함께 이곳에서 사는 것은 어떻겠니?"

　"샤로트 타운에서요? 아…… 조세핀 할머니, 저는 이런 시내에서 생활하는 것이 어울리지 않아요. 밤 11시에 이렇게 화려한 레스토랑에서 아이스크림을 먹는 것도 좋지만 전 에번리 마을의 초록 지붕 집에서 잠을 자고 있는 제가 더 행복할 거라고 생각해요."

　금요일이 되자 밸리 씨가 앤과 다이애나를 데리러 왔다.

　"이곳에서 재미있었니?"

　조세핀 할머니와 작별하는데 조세핀 할머니가 물었다.

　"예. 정말 재미있었어요."

　"저는 단 1초도 그냥 보낼 수 없을 만큼 즐거웠어요."

　다이애나와 앤이 차례로 대답한 뒤 앤이 조세핀 할머니의 목을 껴안고 주름진 뺨에 키스했다. 조세핀 할머니는 매우 기뻐하며 마차가 사라질 때까지 손을 흔들었다. 그리고 집에 들어가자 떠난 아이들의 빈 자리가 크게 다가와 할머니는 쓸쓸함에 긴 한숨을 쉬었다.

"아, 이제야 돌아왔구나. 앤, 네가 없어서 너무 쓸쓸했어. 나흘이 이렇게 길 줄은 몰랐단다."
앤이 초록 지붕의 집으로 돌아오자 마릴라가 반갑게 맞이했다.
그날 저녁 앤은 난로 앞에서 매슈와 마릴라 사이에 앉아 시내에서의 일들을 모두 이야기한 뒤 기쁜 얼굴로 말했다.
"제 생애에서 가장 행복한 시간들이었다고 생각될 만큼 아주 근사했어요. 하지만 역시 제일 좋은 것은 다시 집으로 돌아온 것이에요."

11월 날씨가 잔뜩 흐린 어느 날 저녁, 마릴라는 뜨개질 하던 것을 멈추고 등받이에 기대었다. 최근 눈이 너무 쉽게 피로해져서 견딜 수가 없었기 때문이다. 시내에 나가 안경 도수를 다시 검사해야겠다는 생각을 하는 마릴라 옆에서 앤은 훨훨 타고 있는 난로 앞에 앉아 상상의 세계를 여행 중이었다.
마릴라는 잠시 앤을 사랑스런 눈으로 바라보다가 말했다.
"앤, 오늘 네가 다이애나와 놀러갔을 때 스테시 선생님께서 오셨단다."

"어머나, 다이애나와 도깨비 숲에 있었는데 부르셨다면 좋았을 텐데요. 그런데 왜 오신 거예요?"

"네 문제로 오셨단다."

"제 문제요? 아 마릴라에게 이야기하려고 했는데 오늘 캐나다 역사 시간에 벤허를 몰래 읽고 있다가 들켜서 빼앗겼어요. 방과 후에 선생님께서는 제가 공부에 쓸 시간을 헛되이 보낸다는 것과 선생님을 속인 것은 잘못이라고 이야기하셨어요. 저는 역사 시간에 다른 책을 읽는 것이 선생님을 속이는 거라고는 미처 생각하지 못했기 때문에 진심으로 다시는 그러지 않겠다고 사과드렸어요. 선생님도 용서해주셨는데 설마 집까지 찾아오실 줄은 몰랐어요."

"도둑이 제 발 저린다고 네가 이야기해주기 전까지 몰랐어. 선생님은 다른 일로 오신 거란다. 선생님께서는 공부 잘 하는 학생 중에서 퀸스 학교의 수업 준비를 하고 싶은 학생들을 위해 반을 따로 만들려고 하고 계셔. 그리고 그 반에 너를 넣으면 어떻겠냐고 의논하러 오신 거란다. 앤, 너는 어떠니? 퀸스 학교에 가서 선생님 자격증을 따고 싶지 않니?"

"어머나, 그건 제 평생의 꿈이에요. 하지만 돈이 많이 들잖아요."

"돈은 걱정하지 말아라. 우리는 너를 맡을 때부터 네가 좋은 교육을 받을 수 있도록 최대한 지원하겠다고 결심했었거든."
"마릴라, 정말 감사해요. 열심히 공부해서 마릴라와 매슈 아저씨의 자랑이 되도록 할게요."

퀸스 학교 수험 준비를 위한 반이 편성되었다. 다이애나는 계속 공부할 생각이 없었기 때문에 앤과는 다른 반이 되었다. 길버트도 수험 준비 반에 들어왔다. 길버트는 호수에서 앤과의 화해가 이루어지지 않은 이후로 노골적으로 앤에게 경쟁심을 보이고 있었다.
아이들은 스테시 선생님의 능숙한 지도하에 정말 열심히 수험 공부를 했다. 하지만 시간이 지나자 조금씩 공부에 실증이 나가던 중 기쁘게도 방학이 시작되어 한숨 돌릴 수 있었다.
앤은 다이애나와 함께 하고 싶은 일들을 모두 해보며 여름 방학을 마음껏 즐겼다.
"마릴라, 이렇게 아름다운 여름 방학을 보낸 적이 없어요. 덕분에 이젠 열심히 공부하고 싶어졌어요."

가을이 지나고 겨울이 시작되었다.
앤은 공부를 하는 중에도 파티나 음악회에 다녀왔고 마릴라는 그런 일로 앤을 간섭하지 않았다.

이제 앤은 마릴라와 나란히 서면 마릴라보다 더 클 정도로 자랐다.

그런 앤의 모습에 마릴라는 이상하게 아쉬운 기분이 들었다. 자신이 귀여워하던 작은 아이는 이제 없고 키가 크고 성숙한 눈매의 열다섯 살 소녀가 자랑스럽게 서 있는 모습에 마릴라는 무언가 잃어버린 듯한 기분이 들어 눈시울이 뜨거워졌다.

그날 저녁, 앤이 기도회에 간 사이 마릴라는 울음을 터트렸다. 그 모습을 보고 놀란 매슈에게 마릴라는 눈물을 닦으며 멋쩍은 미소를 보였다.

"앤을 생각하고 있었어요. 이제 아가씨가 다 되었어요. 그 아이가 없으면 나는 쓸쓸해서 견딜 수 없을 거 같은데 이제 곧 이곳에서 지내지 않게 될 거 같아서요."

"이따금 돌아올 거야. 그리고 곧 철도가 카모티까지 들어올 거고."

"그래도 항상 앤이 집에 있을 때와는 같을 수 없잖아요. 남자는 이런 제 심정 몰라요."

여전히 처음 만났을 때의 앤으로만 생각하는 매슈를 보며 마릴라는 한숨을 내쉬었다. 저런 위로를 받기보다는 차라리 슬픔에 젖어드는 것이 좋겠다는 생각이 들었다.

합격자 명단이 발표되다

드디어 입학 시험을 치르는 날, 앤과 친구들은 시내에 가야 했다.

앤은 시내에 있는 동안 조세핀 할머니의 저택에 머물기로 되어 있었기 때문에 다이애나에게 편지를 쓰기로 했다.

수요일이 되자 다이애나는 약속대로 앤의 편지를 받았다.

편지에는 시험에 대한 자세한 이야기가

쓰여 있었다.

　금요일이 되어 다시 초록 지붕의 집으로 돌아온 앤과 만난 다이애나는 매우 기뻐했다.

　"앤, 네가 시내에 있는 며칠 동안이 마치 몇 년처럼 느껴졌어. 시험은 어땠니?"

　"기하를 빼고는 모두 잘 본 거 같아. 기하는 아무래도 틀린 예감이 들어. 그리고 모두 떨어질게 분명하다고 말하기는 하지만 다들 꽤 잘 치른 거 같아 보여. 2주 후에 결과가 나올 때까지 불안한 마음으로 있어야 한다는 사실이 견딜 수 없어."

　"괜찮아. 모두 합격할 테니 걱정할 필요 없어."

　"좋은 성적이 아니면 차라리 떨어지는 것이 나아."

　길버트를 이기지 못하면 합격해도 분한 마음을 가질 앤임을 다이애나는 알고 있었다. 하지만 사실 앤이 정말 좋은 성적으로 합격하고 싶은 이유는 매슈와 마릴라 특히 매슈를 위해서였다. 앤이 섬 전체에서 1등을 할 거라고 굳게 믿는 매슈를 위해서도 10등 안에는 들고 싶었던 것이다.

　다시 2주가 지났다. 시험을 본 학생들은 안절부절 못하며 신문을 살피거나 우체국 주변을 서성거렸다.

합격자 명단이 발표되다　253

3주가 지나도 발표가 나지 않자 앤이 기운 없는 얼굴로 우체국에서 돌아오는 모습을 보며 매슈는 어찌할 바를 몰라 했다.

다시 며칠이 지난 뒤 창가에 앉아 포플러 잎이 스치는 소리와 꽃 향기를 맡던 앤의 눈에 신문을 흔들며 달려오는 다이애나의 모습이 보였다.

가슴이 두근거리고 머리가 어질어질해지며 한 발자국도 움직이지 못하고 있는 앤에게 다이애나가 숨을 헐떡이며 말했다.

"앤 네가 1등으로 합격했어. 길버트도 동점으로 합격했지만 네 이름이 앞에 있어. 정말 잘 됐어."

숨 쉴 틈도 없이 말한 다이애나는 앤의 침대 위로 주저앉았다.

앤은 다이애나가 가져온 신문에서 자신의 이름을 찾아보고 벅찬 기쁨을 느꼈다.

"아버지께서 브라이트 리버에서 이 신문을 가져오시자마자 바로 뛰어왔어. 친구들도 모두 합격했어. 앤, 1등한 소감이 어때? 나 같으면 정신없을 거 같은데 넌 너무 침착하네?"

"마음 속은 하고 싶은 말이 산더미인데 입에서 나오질 않아. 미안하지만 다이애나, 밭에 가서 매슈 아저씨에게 이 소식을 먼저 전하고 올게. 그 다음에 모두에게 알리러 가자."

두 사람은 건초 밭에서 일하고 있는 매슈와 마릴라에게 뛰어갔다.

"매슈 아저씨, 제가 1등으로 합격했어요."

"그래? 내가 그럴 거라고 했지? 난 네가 잘 할 거라고 믿었어."

"아주 훌륭하구나, 앤!"

뛸 듯이 기뻐하던 마릴라는 린드 부인에게 찾아가 이 소식을 전하며 앤을 자랑했고 린드 부인도 앤의 소식에 무척 자랑스러워했다.

그날 밤 앤은 자기 방 창가에서 무릎을 꿇고 진심으로 감사와 희망의 기도를 드렸다.

그로부터 3주 동안 앤은 입학 준비로 무척 바빴고 매슈는 앤을 위해 이것저것 준비했으며 마릴라는 그런 매슈를 보면서도 아무런 불평을 하지 않은 채 앤을 위한 나들이옷을 짓기 위해 초록색 천을 사왔다.

"마릴라, 너무 아름다워요. 고마워요. 요즘은 하루하루가 너무 빨리 지나가요."

9월 어느 날, 드디어 앤이 시내로 가는 날이 되었다. 앤은 다

이애나와 울며 작별을 고했고 마릴라와도 작별 인사를 한 뒤 매슈의 마차를 타고 떠났다.

혼자 남은 마릴라는 하루 종일 닥치는 대로 일했지만 쓸쓸함이 가시지 않아 눈물이 쏟아졌다.

새로운 생활을 시작한 앤은 여전히 길버트와 경쟁하는 가운데 1년 과정을 끝내고 교사 자격증을 받을 때는 금메달도 함께 받겠다고 결심했다.

조지에게 퀸스 학교에도 에이브리 장학금이 나온다는 말에 앤은 금메달을 목표로 했던 것에서 장학금을 타 레드먼드 대학의 예술과에 입학하는 것으로 바꾸었다.

"내가 문학가가 되면 매슈 아저씨가 정말 기뻐하실 거야. 그래서 난 에이브리 장학금을 탈 거야. 목표가 있다는 것은 정말 즐거운 일이야."

퀸스 학교 생활이 익숙해질 즈음, 앤은 새로운 친구들을 사귀고 여러 가지 일을 하며 학교 생활을 마음껏 즐겼다.

하지만 마릴라와 매슈가 기다리는 초록 지붕의 집으로 돌아가는 금요일이 앤에게는 가장 즐겁고 소중한 시간이었다.

크리스마스 휴가를 마치고 앤은 친구들과 열심히 시험 공부를 했다. 그리고 봄이 되자 그동안 준비했던 모든 실력을 발휘해 시험을 봤다.

시험 결과가 발표되는 날, 앤은 시험 결과를 보기 위해 학교 앞까지 왔다가 멈춰섰다.

"제인, 미안하지만 먼저 들어가서 게시판을 봐줘. 난 볼 용기가 나지 않아."

제인이 학교에 들어가자 게시판 앞에 꽉 들어찬 소년들이 길버트를 헹가래 치며 외치고 있었다.

"길버트 만세, 메달 수상자 만세!"

밖에서 그 소리를 들은 앤은 기절할 것만 같았다. 자신이 길버트에게 졌다고 생각했기 때문이다. 그때 누군가가 소리쳤다.

"앤 셜리 만세! 에이브리 장학금 수상자 만세!"

제인이 달려오더니 앤을 껴안았다.

"앤, 축하해, 네가 에이브리 장학금 수상자야."

"아아, 매슈 아저씨와 마릴라가 얼마나 기뻐하실까! 지금 당장 알려야겠어."

졸업식에 참석한 마릴라와 매슈의 눈은 반짝반짝 빛나는 눈을 가진 키 큰 소녀에게 쏠려 있었다. 제일 우수한 논문을 읽고 있는 앤을 보며 사람들이 소곤거렸다.

'저 아이가 에이브리 장학금 수상자예요.'

"저 아이를 키운 것은 정말 잘한 일이야, 마릴라."

"그런 생각을 한 것은 이번만이 아니에요."

소곤소곤 말하는 매슈에게 마릴라가 만족스러운 미소를 띄우고 말했다.

그날 저녁, 앤은 매슈, 마릴라와 함께 애번리로 돌아왔다. 사과꽃이 한창인 애번리 마을은 생기가 넘치고 있었다. 초록 지붕의 집 앞에는 다이애나가 앤을 마중 나와 있었다.

"다이애나, 집에 돌아오는 것은 정말 행복한 거 같아. 너의 얼굴을 볼 수 있게 된 것도 얼마나 기쁜지 몰라."

"에이브리 장학금을 받다니 정말 훌륭해, 앤. 레드먼드 대학에 갈 거지?"

"응. 가을이 되면."

"길버트는 아이들을 가르칠 거래. 길버트 아버지가 대학을 보내줄 형편이 안 된대. 그래서 길버트는 자신의 힘으로 돈을 벌어야 하나봐."

길버트가 대학에 입학할 것이라고 생각했던 앤은 그 말을 듣자 이상하게 서운해졌다.

다음날 아침, 식사 시간에 앤은 매슈의 건강이 매우 나빠졌다는 사실을 알아차렸다.

앤은 매슈가 밖으로 나가자 마릴라에게 물어보았다.

"매슈 아저씨 어디 편찮으세요?"

"올봄에 심장 발작이 오고 나서는 쉽게 회복되지 않는구나. 그래서 나도 걱정이다."

앤은 마릴라의 얼굴을 양 손으로 감싸며 말했다.

"마릴라도 건강 상태가 좋지 않은 거 같아요. 너무 일을 많이 하셔서 그럴 거예요. 오늘부터는 제가 집안일을 할 테니 좀 푹 쉬세요."

"아니야. 그냥 조금 머리가 아파서 그래. 안경을 바꾸어도 좋아지지가 않아서 6월 말경 유명한 안과 선생님이 시내에 오신다고 하니 그때 진찰을 받아보려고. 그건 그렇고, 너 혹시 아베이 은행에 대한 소문 들었니?"

"파산할 것 같다는 소문을 들었어요."

"린드 부인도 그렇게 말했는데 우리집 재산이 전부 아베이 은행에 들어 있어 매슈 오빠가 몹시 걱정하고 계시단다."

그날 하루를 느긋하게 지낸 뒤 앤은 저녁이 다가오자 소를 몰고 돌아오는 매슈를 마중나갔다.

"오늘은 일을 너무 많이 하셨어요. 이제 일을 좀 적당히 하시는 것이 어떨까요?"

"글쎄다. 일보다는 나이탓인 거 같구나."

"만약 제가 남자 아이였다면 지금쯤 아저씨를 편하게 해드릴 수 있었을 텐데요."

앤이 슬픈 목소리로 말하자 매슈는 언제나처럼 수줍은 미소를 띠며 말했다.

"나는 열두 명의 남자 아이보다 너 한 사람이 더 좋구나. 에이브리 장학금을 받은 사람은 남자 아이가 아니고 바로 앤 너잖니? 나의 자랑스러운 딸이 말이다."

앤은 창가에 앉아 초록 지붕의 집으로 처음 오던 날을 떠올렸다. 이 날 밤은 너무 평화스러운 하루의 마지막이었으며 언제까지나 기억나는 밤이었다. 그리고 그날은 앤에게 커다란 슬픔이 오기 전의 마지막 밤이었다.

죽음이라는 이름의 신

"오빠, 매슈 오빠? 왜 그러세요? 어디가 아픈 거예요?"

마릴라가 외치는 소리에 놀란 앤이 뛰어내려가자 회색빛이 된 얼굴로 매슈가 신문을 든 채 문간에 쓰러져 있었다.

"기절하셨어. 앤, 마틴을 불러라. 빨리. 빨리."

의사를 부르러 가던 마틴은 린드 부인과 밸리 부인을 만나 도움을 청했다.

린드 부인은 이성을 잃은 앤과 마릴라를 진정시키고 매슈의 맥을 짚어보더니 눈물을 흘리며 말했다.

"마릴라, 이젠 어쩔 도리가 없어요."

앤의 얼굴이 순식간에 창백해지며 무언가 말하려 했지만 입밖으로 나오지 않았다.

"돌아가신 거 같구나. 이런 얼굴을 여러 번 본 사람은 단번에 알 수 있을 거야."

앤은 조용히 매슈의 얼굴을 들여다 보았다. 그의 얼굴에는 죽음의 신이 다녀간 흔적이 역력히 나타나 있었다.

마틴이 모시고 온 의사 선생님은 갑작스러운 충격으로 매슈가 사망한 것이라고 말했다. 매슈가 들고 있던 신문에는 아베이 은행의 파산 소식이 실려 있었다.

매슈의 죽음은 순식간에 애번리 마을 전체에 알려졌고 많은 사람들이 찾아와 위로해주었다.

앤은 자신의 방으로 올라가 매슈와의 추억을 떠올리며 통곡했다. 앤의 울음소리를 들은 마릴라도 방으로 들어와 두 사람은 함께 울고 이야기를 나누며 서로를 위로했다.

이틀 후 매슈는 그가 평생 가꿔오던 밭과 과수원을 지나 가까운 언덕에 묻혔다.

 애번리는 다시 조용해졌고 초록 지붕의 집에도 시간들이 지나며 모든 것이 원래 자리를 찾아가고 있었다. 하지만 이제 매슈의 모습을 볼 수 없다는 사실에 앤과 마릴라는 슬픔을 떨칠 수가 없었다.

매슈 아저씨의 죽음

심장의 역할

수많은 사건 사고 속에서 앤은 점차 책임감 강하고 성실한 학생으로 성장했다.

이런 앤의 성장이 아쉬우면서도 소중하고 자랑스러운 딸이 되어 가고 있는 앤을 보면서 마릴라와 매슈는 앤을 입양한 것이 너무나 잘한 일이라고 생각한다.

하지만 이런 기쁨도 잠시, 매슈는 전 재산이 들어 있는 아베이 은행의 파산 소식에 큰 충격을 받고 심장마비로 사망하게 된다. 매슈의 죽음은 앤과 마릴라에게 세상 전부를 잃어버린 것 같은 슬픔이었다.

그러나 늘 그랬던 것처럼 앤은 슬픔을 극복하고 다시 한 번 삶에 대한 희망과 의지를 꿈꾸게 된다.

우리는 심장과 감정이 연결되어 있다는 것을 경험적으로 느낀다. 특히 심장은 분노, 우울, 충격, 흥분 등 심한 감정의 변화에 더욱 예민하게 반응하고 있는 듯하다. 그리고 심장은 단 한 번의 휴식도 없이 우리의 생명을 지키고 있는 고마운 장기다.

메슈를 죽음에 이르게 한 원인은 다양하다. 어쩌면 소심한 성격이던 매슈의 기질적 성향이 약한 심장을 만드는데 한몫했을지도 모른다.

매슈의 일은 누구에게나 일어날 수 있는 것이다. 우리가 심장에 대한 정보와 건강관리에 관심을 가지지 않을수록 심장의 건강은 위협받을 확률이 높아진다.

지금부터 우리의 생명과 직결된 중요한 장기,

심장의 역할과 구조에 대해 살펴보고 매슈를 죽음으로 몰아넣은 심장마비의 원인이 무엇인지 알아보자.

심장

심장heart은 주먹만 한 크기로 우리 몸 구석구석에 피를 공급하는 펌프 기능을 하는 중요 장기다. 가슴의 정중앙에서 약간 왼쪽으로 치우쳐 있는 심장은 좌우 2개의 심방과 2개의 심실로 이루어져 있다.

심방은 심장으로 들어오는 혈액을 받아들이며 정맥과 연결되어 있고 심실은 동맥과 연결되어 있어 심장으로 들어온 혈액을 내보는 역할을 한다.

특히 왼심실은 온 몸으로 피를 내보내는 대동맥과 연결되어 있어 아주 두꺼운 근육

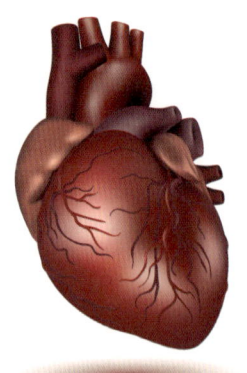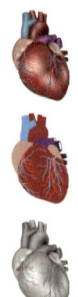

심장.

으로 되어 있다.

심방과 심실 사이, 심실과 동맥 사이, 팔과 다리의 정맥에는 판막이 있어 혈액의 역류를 방지하는 역할을 한다.

판막은 지구의 중력과도 연관이 있다. 팔다리 정맥에 있는 판막은 중력에 대항하여 심장으로 혈류를 보낸다.

이때, 판막은 혈액이 중력의 힘으로 다시 아래로 내려오는 것을 방지하기 위해 한쪽 방향으로만 열리는 구조로 되어 있다.

그러나 머리에서 심장 쪽으로 흐르는 정맥에는 판막이 없다. 이유는 중력에 의해 자연스럽게 혈액이 흐르기 때문이다. 이처럼 우리의 신체는 지구 중력과 조화를 이루며 살아갈 수 있도록 설계되어 있다.

만약 중력이 약해지면 머리에서 심장으로 가는 혈액의 양이 줄어들거나 원활하지 못하게 된다. 약한 중력에서는 머리 쪽으로 혈액이 몰려 혈압이 높아진다.

오랜 기간 무중력 상태에 있는 우주인들은 머

리 쪽으로 혈액이 몰려 얼굴이 부풀어 오르고 혈압이 높아진다. 이런 증상이 계속되면 심장에 강한 부담을 주게 되어 고통을 호소하기도 한다.

혈액의 폐순환과 온몸순환(체순환)

우리가 호흡을 하면 산소가 허파로 들어간다. 허파로 들어온 산소는 혈액에 녹아들고 허파에서 심장으로 이동한다.

심장은 허파로부터 들어온 혈액을 온몸으로 보내기 위해 열심히 펌프질을 하고 그렇게 온 몸을 돌아 이산화탄소와 노폐물을 가득 싣고 다시 돌아온 뒤 심장을 통해 허파로 보내져 밖으로 나간다.

심장은 끊임없이 움직이며 혈액을 돌려 에너지를 공급하고 몸에 쌓인 노폐물을 정화해 나간다.

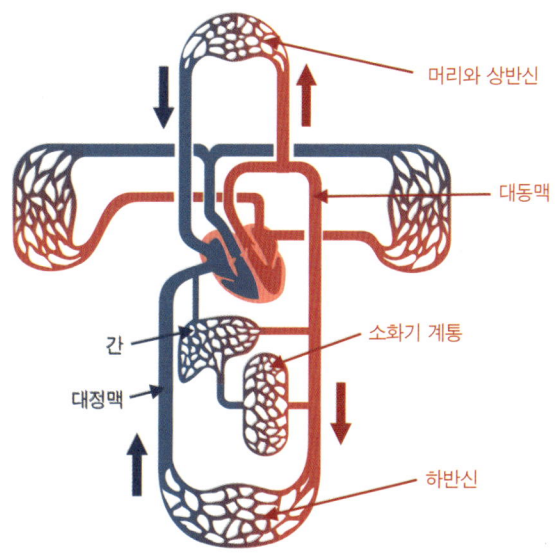

순환계.

이것은 우리 몸에서 혈액이 순환되는 과정이며 자세한 내용은 다음과 같다.

혈액순환의 과정은 두 가지가 있다. 폐에서 심장으로 가는 폐순환과 심장에서 온몸을 도는 온몸순환이 있다.

폐순환은 오른심실에서 나온 혈액이 허파에 이산화탄소를 주고 다시 산소를 받아 왼심방으로 돌아오는 과정을 말한다.

심장의 역할

폐순환의 첫 번째 단계는 오른심실의 수축에 의해 뿜어져 나간 혈액이 허파동맥을 지나 허파의 모세혈관으로 흘러가는 과정이다. 이때 허파에서는 이산화탄소와 산소의 교환이 일어난다.

산소를 받아들인 혈액은 다시 왼쪽에 있는 2개의 허파정맥을 통해 왼심방으로 들어온다. 왼심방은 폐에서 들어온 혈액의 저장장소다.

폐순환의 과정이 끝나면 혈액의 온몸순환이 일어난다. 온몸순환은 혈액이 왼심실에서 대동맥을 통해 온몸으로 뻗어 있는 모세혈관을 지나 다시 심장으로 돌아오는 과정이다.

허파 순환에의해, 왼심방으로 이동한 혈액은 왼방실판막(승모판)을 지나 왼심실$^{\text{left ventricle}}$로 내려간다.

왼심실은 강하게 수축하는 힘으로 대동맥을 통해 온몸으로 혈액을 뿜어낸다.

왼심실에서 뿜어져 나간 혈액은 미세한 모세혈관을 타고 온 몸을 흘러다니며 산소와 영양분을 공급한 후, 이산화탄소와 노폐물을 받아 정맥과 대정맥을 통해 오른심방으로 들어온다.

오른심방으로 들어온 혈액은 다시 오른방실판막(삼첨판)을 지나 오른심실로 흘러 들어간다.

혈액의 순환은 폐순환과 온몸순환이 서로 연결된 과정이며 이 순환의 연결고리가 단 한 곳이라도 막히거나 멈추게 되면 우리 몸은 치명적인 상처를 입고 움직일 수 없게 되는 것이다.

혈액은 크게 동맥혈과 정맥혈로 나눌 수 있다. 이것을 구분하는 것은 산소의 농도다. 산소의 농도가 높은 동맥혈은 맑은 선홍색을 띠며 폐정맥과 대동맥을 따라 흐르고 심장의 왼심방과 왼심실을 지난다.

인간의 순환시스템.

이와 반대로 산소의 농도가 낮고 이산화탄소의 농도가 높은 정맥혈은 암적색의 어두운색을 띠며 대정맥과 폐동맥을 따라 흐르고 오른심방과 오른심실을 거친다.

정맥혈과 동맥혈은 이름만으로 혈액 성분을 판

단해서는 안 된다. 허파정맥은 정맥이라는 이름이 붙었지만 허파에서 산소를 받아 산소농도가 아주 높은 동맥혈이다. 이와 마찬가지로 허파동맥은 동맥이라는 이름을 가지고 있지만, 이산화탄소와 노폐물의 농도가 높은 정맥혈이 흐르고 있다.

대동맥은 심장을 중심으로 나가는 피를 말하고 대정맥은 심장으로 들어오는 피를 말한다. 하지만 이것은 어디까지나 심장을 중심으로 봤을 때 그렇다.

실제 모든 장기는 동맥으로부터 혈액을 공급받는다. 그래서 심장을 제외한 다른 장기들은 혈액이 들어오는 혈관이 동맥이며 나가는 혈관이 정맥이 된다. 각 장기에 해당하는 동맥과 정맥은 끊임없이 깨끗한 산소를 세포에 공급하여 에너지를 만든 후, 에너지를 태우고 남은 이산화탄소를 밖으로 내보낸다.

이 모든 과정의 중심에는 심장이 있다. 단 한 순간이라도 심장이 움직이지 않는다면 우리는 지금 당장 죽음을 맞이할 수 있다.

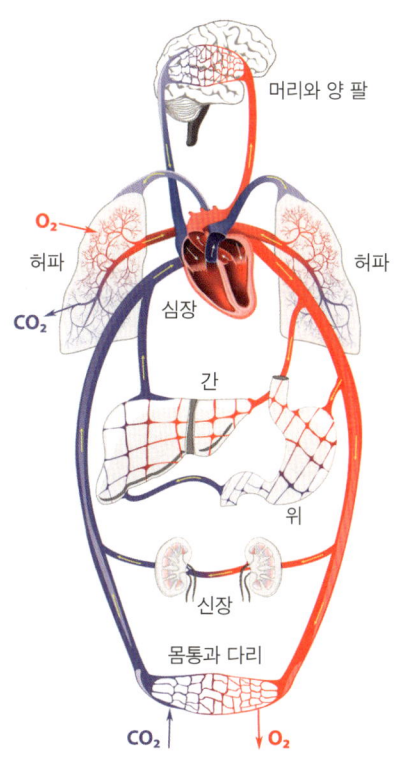

심장에서 나온 혈액은 온 몸을 돌며 세포에 산소와 영양소를 공급하고 이산화탄소와 노폐물을 심장으로 가져온다.

그런데 만약 이토록 중요한 심장이 우리의 감정에 의해 지배받고 있다면 어떤 생각이 드는가? 우리의 마음과 감정 상태에 따라서 심장 건강이 결정될 수도 있다면 진짜 우리의 생명은 심장이 아닌, 하루에도 수십 번 롤러코스트를 타는 감정과 마음에 달려 있다고 생각해도 되지 않을까?

우리 몸에서 발생하는 질환의 대부분이 마음의 병이라는 말이 있다. 결국 건강을 지키는 데 있어 선행되어야 할 일은 감정의 근원인 마음의 평정을 지키기 위한 노력인 셈이다.

그러나 우리는 늘 이 말을 무시하고 겉으로 보이는 증상만을 없애기 위해 노력한다. 감정과 마음은 눈에 보이지 않기 때문이다.

그런데 질환의 핵심인 마음과 감정의 변화가 심장에 진짜 영향을 미칠 수 있다는 과학적 증명이 이루어졌다면 어떨까? 그것도 최첨단 과학기술로 탄생한 기계에 의해서 말이다. 이제 과학은 보이지 않는 감정과 마음의 세계까지도 보이는 세계로 끌어낼 수 있는 수준에 도달해 있는 것이다.

심장마비

매슈를 죽음으로 내몬 심장마비$^{Heart\ attack}$는 생각보다 우리 생활 가까이 있다. 심장마비는 말 그대로 심장의 기능이 갑자기 멈춰버리는 증상을 말한다.

심장마비의 원인은 매우 다양하다. 그중 가장 대표적인 것이 급성심근경색이다. 급성심근경색은 관상동맥이 갑자기 막혀 혈액이 흐르지 않아 발생하는 병이다. 관상동맥은 심장근육에 혈액을 공급하여 산소와 영양소를 전해주는 역할을 하는 동맥으로 심장동맥이라고도 불린다.

심장동맥은 대동맥이 시작되는 부위에서 시작해 심장을 둘러싸고 있다. 이 모양이 마치 머리에 쓰는 관과 같다고 해서 관상동맥이라는 이름이 붙었다.

급성심근경색이 발병하면 갑자기 심장으로 공급되던 혈액이 흐르지 않아 심장근육이 제 기능을 할 수 없고 호흡곤란, 가슴통증 등이 발생한다.

심근경색의 대표적인 원인은 동맥경화다. 동맥경화로 심장혈관이 좁아진 곳에 혈전이 생겨 혈액의 흐름을 방해하는 순간, 심장으로 혈액공급이 차단되면서 심근경색이 나타난다.

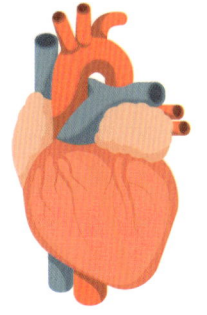
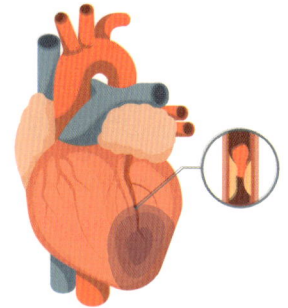

건강한 심장.   동맥경화증 심장.

 이것이 바로 심장마비로 옮겨가 돌연사의 원인이 될 수 있는 것이다.
 돌연사의 가장 많은 원인을 차지하고 있는 급성심근경색은 초기 사망률이 30%에 해당할 만큼 매우 위험한 병이다.
 심근경색을 막기 위해서는 비만, 고혈압, 당뇨 등에 걸리지 않도록 평소 운동과 식이조절을 통해 건강관리에 신경을 써야 한다.
 이밖에도 심장마비의 원인으로는 급성심부전증, 바이러스에 의한 심근염, 부정맥, 대동맥류 파열 등이 있다.

감정과 심장

한국건강관리협회에 따르면 인간의 스트레스나 감정변화에 민감하게 반응하는 장기는 심장뿐이라고 한다.

그렇다면 감정은 심장에 얼마나 영향을 줄 수 있을까? 전 재산이 있는 아베이 은행의 파산 소식을 듣고 충격으로 돌연사할 정도로 매슈는 큰 충격을 받는다. 그 충격이 얼마나 대단했으면 심장이 멈춰 버릴 정도였는지 상상이 가지 않을 정도다.

우리는 경험과 관념적으로 우리의 감정과 심장은 서로 영향을 준다는 것을 잘 알고 있다. 하지만 이것이 과학적인 사실이 되기 위해서는 증명이 필요하다.

최근 고려대 구로병원 심혈관센터의 김진원, 강동오 교수팀은 3차원입체분자영상을 통해 스트레스가 심근경색발병에 영향을 미치는 중요한 단서를 밝혀냈다.

이 연구에 대한 논문은 심장에 관한 최고 권위를 인정받고 있는 미국심장학회[AHA; American Heart

Association에 발표되어 호평을 받았다.

이것은 감정과 심장과의 관계가 더 이상 관념적인 생각이 아닌, 의학적으로 규명한 과학적 사실이라는 것에 중요한 의미가 있다.

김진원 교수팀은 급성심근경색 환자의 감정을 주관하는 대뇌변연계 영역의 편도체 활성도와 심장마비의 원인이 되는 동맥경화의 염증 활성도 증가 간에 아주 밀접한 상호연관성이 있다는 것을 밝혀냈다.

이번 연구는 심근경색이 악화될수록 대뇌 감정활성도가 높아지며 심근경색이 호전될수록 대뇌 감정활성도가 낮아짐을 3차원입체분자영상이라는 새로운 기술을 이용해 입증해냈다는데 매우 큰 의미가 있다.

이는 이제 보이지 않는 감정의 영역 또한 수치화하고 수량화할 수 있다는 점에서도 괄목할 만한 성과이다.

이로써 심장이 뇌의 영역인 감정과 긴밀하게 상호작용하며 연관돼 있다는 것을 확인할 수 있다.

이 연구는 감정스트레스가 동맥경화성 심혈관

질환에 크게 영향을 미치고 있다는 확실한 증거를 입증해 낸 것으로 향후 후속 연구와 더불어 감정 조절을 통해 심장병을 막을 수 있는 기술을 개발하는데도 큰 역할을 할 것으로 기대하고 있다.

만병의 근원은 스트레스라는 말! 현대 과학도 그렇다고 대답하고 있다. 이제 조금씩 내 눈의 시각을 돌려 마음도 살펴보는 시간을 가져보자. 그것이 심장을 구할 수 있는 길이다!

길모퉁이

 어느 날 해질 무렵, 매슈의 무덤에 장미꽃을 놓고 돌아오니 마릴라가 현관 입구의 돌층계에 앉아 있었다. 앤은 마릴라의 옆에 앉았다.
 "스펜서 선생님이 오셔서 안과 의사가 내일 시내에 오시니까 진찰 받으러 오라고 하더구나. 그래서 내일 나갔다 오려고 하는데 혼자 있어도 괜찮겠니?"
 "괜찮아요. 다이애나가 와줄 거고 집안일도 해놓을게요."
 "길버트가 학생을 가르친다는 것이 사실이니?"

"예."

"정말 훌륭한 청년이 되었더구나. 요전에 교회에서 보았는데 그 아이 아버지 조지 브라이스가 젊었을 때와 꼭 닮았더구나. 우리는 참 사이가 좋았고 잘 어울린다는 이야기도 들었는데……."

"어머? 정말요? 그래서 어떻게 되었는데요?"

"우리는 작은 오해 때문에 다투게 된 후 조지가 사과했지만 받아주지 않아 서로 말하지 않게 되었단다. 실은 용서해줄 마음은 있었는데 괜히 고집을 피워 조지는 더 이상 말을 걸어오지 않게 되었어. 브라이스 가 사람들은 자존심이 무척 강하거든. 지금은 그때 조지의 사과를 받아들이지 않은 것을 후회하고 있단다."

"마릴라도 그런 사랑 이야기가 있었군요."

"나에겐 그런 추억이 없을 것처럼 보이겠지만 사람은 겉모습만으로 다 아는 것은 아니란다. 그런데 요전에 교회에서 길버트를 보니 그때 생각이 나더구나."

다음날 시내에 다녀온 마릴라는 매우 실망한 표정이었다. 독서나 재봉을 그만두지 않으면 실명할 거라고 했기 때문이다.

다시 2~3일이 지난 후 카모티에서 부동산 중개인이 초록색의 집을 보러왔다. 앤이 대학에 가면 눈이 안 보이는 상태에서 지금처럼 집안일을 하기 힘들 거라는 생각에 마릴라는 집을 내놓은 것이었다.

그 이야기를 들은 앤은 단호하게 말했다.

"집을 팔면 안 돼요. 저는 대학에 가지 않고 이곳에 남을 거예요. 제가 어떻게 마릴라 혼자 고생하도록 둘 수 있겠어요. 지금까지 절 위해 얼마나 고생하셨는데요. 저는 학교에서 아이들을 가르칠 거예요. 애번리 학교는 길버트로 정해져 있으니 저는 카모티의 학교로 가려고요. 그러니 제 걱정은 하지 마세요."

마릴라는 자신 때문에 희생하려는 앤의 결정을 반대했지만 앤의 결심을 꺾을 수는 없었다.

앤이 대학에 가지 않고 학생들을 가르칠 예정이란 소식은 순식간에 애번리 마을에 퍼졌다.

그 소식을 들은 길버트는 화이트 샌드의 학교로 자리를 옮긴 후 앤이 애번리 학교의 선생님이 될 수 있도록 했다.

어느 날 저녁, 매슈의 무덤에서 내려오던 앤은 휘파람을 불며 지나가는 길버트와 마주쳤다. 길버트는 앤을 보더니 휘파람을 멈추고 정중하게 모자를 벗은 뒤 인사를 하고는 다시 길을 가려고 했다.

"길버트, 나를 위해 선생님 자리를 양보해줘서 정말 고마워. 너에게 고맙다는 인사를 꼭 하고 싶었어."

앤이 길버트에게 손을 내밀자 길버트는 앤의 손을 꼭 잡았다.

"뭘, 대단한 일도 아니야. 그저 너에게 조금이라도 도움이 되고 싶었을 뿐이야. 이제 우리가 친구가 될 수 있을까? 앤, 지난날의 실수를 용서해줘."

"사실 나는 호수에서 이미 널 용서했어. 다만 그것을 깨닫지 못했을 뿐이야. 그래서 깨닫게 된 순간부터 쭉 후회하고 있었어."

"그랬구나. 이제 우리는 좋은 친구가 되어 서로에게 도움이 될 수 있을 거라고 생각해. 이제 집에 가자. 바래다줄게."

"너와 함께 오솔길을 걸어온 사람이 누구니 앤?"

"길버트예요."

이상하다는 듯이 질문하는 마릴라에게 앤은 자신도 모르게 뺨을 붉히며 대답했다.

"너와 길버트가 그렇게 사이가 좋은지 몰랐구나."

마릴라가 미소 지으며 말했다.

그날 밤 앤은 산들산들 불어오는 바람과 박하 향기가 맴도는 자신의 방에서 벅찬 행복을 느꼈다. 비록 앞으로 걸어갈 희망의 길이 좁아졌을지는 모르지만 그 길에는 또 다른 행복이 기다리고 있을 것임을 앤은 굳건히 믿고 있었다.

시력을 잃어가는 마릴라

백내장과 펨토초 과학

백내장

마릴라는 재봉질과 독서를 그만두지 않으면 점점 시력을 잃어 보지 못하게 될 것이라는 의사의 진단에 무척 낙심하게 된다.

마릴라의 걱정과 근심은 인간의 노화 단계에서 누구나 발생할 수 있는 안과 질병인 백내장[cataract]이다.

백내장은 안구의 한 가운데 위치하여 카메라의

렌즈와 같은 역할을 하는 수정체가 뿌옇게 흐려져 시력을 잃어가는 증상을 말한다. 백내장의 주된 원인은 노화이지만 음주, 흡연, 당뇨병, 감염 등 다양한 원인에 의해서도 발병할 수 있다.

우리의 눈은 사물에 반사된 빛이 수정체와 각막을 통해 들어와 망막에 맺히면 이것을 전기신호로 바꾸어 시신경을 통해 뇌로 전달한다.

백내장은 이 과정에서 수정체가 뿌옇게 흐려져 제대로 된 상을 맺지 못해 시력을 잃어가는 질환이다. 수정체가 혼탁해지는 이유는 수정체 내부의 단백질이 변성되어 발생한다.

백내장이 시작되면 마치 김서린 창문으로 바깥을 내다보듯 사물이 흐릿하게 보이는 증상이 지속된다.

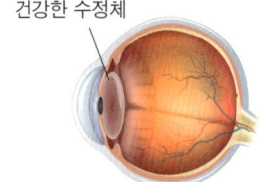
건강한 수정체

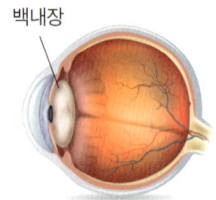
백내장

백내장의 증상으로는 시력감퇴, 눈부심, 물체가 여러 개로 보이는 증상, 일시적 근시 발생(가까운 곳의 것들이 갑자기 잘 보임) 등이 나타나며 치료방법으로는 약물치료와 수술치료가 있다.

안과 의사가 마릴라에게 독서와 재봉을 멈추라는 처방을 내렸던 이유는 백내장 치료에 있어 수술 외에는 별다른 치료법이 없었기 때문이다.

그나마 할 수 있는 방법은 조금이라도 눈에 무리를 주지 않아 진행속도를 늦추는 일뿐이다.

현대에는 첨단 과학기술의 발전으로 분자와 원자 단계까지 침투할 수 있는 초고정밀도의 레이저를 이용한 시술이 이루어지고 있으나 앤이 살던 19세기 후반~ 20세기 초반의 백내장 수술은 시술 도구의 정확도와 정밀도가 높지 않아 위험 부담이 매우 컸다.

백내장 치료에 있어 약물치료의 효과는 혼탁의 진행속도를 늦추는 역할을 할 뿐 완치는 어렵다. 따라서 대부분 수술치료를 통해 혼탁한 수정체를 없애고 인공수정체를 삽입하여 노안을 교정하고 시력을 회복하는 방법으로 일상생활을 할 수 있게 된다.

백내장은 수술 시기를 놓치면 실명의 위험이 크기 때문에 적절한 시기에 수술을 하는 것이 매우 중요하다.

발와술에서 펨토초 레이저까지

백내장 수술의 역사는 생각보다 굉장히 오래전으로 거슬러 올라간다. 기원전 800년경 인도의 뇌수술과 성형수술의 아버지로 불렸던 외과의사 수슈루타^{Susruta}에 의해 최초의 백내장 수술인 발와술(백내장입하강술 couching)이 행해졌다.

혼탁해진 수정체를 안구 안으로 밀어 넣거나 떨어뜨려 시력을 회복하는 수술인 발와술은 수슈루타의 의학서 《수슈루타 상히타$^{सुश्रुतसंहिता, Susruta Samhita}$》를 통해 전해 내려온다.

《수슈루타 상히타》는 고대로부터 전승되어 내려오는 인도의 외과 의학서로 '아유르베다^{Ayurveda}(허브와 약초를 이용하는 인도의 전통 의학) 계통의 의학서 중 가장 오래된 필사본으로 인정받고 있다.

1745년 프랑스의 안과의사 자크 다비엘Jacques Daviel은 백내장 치료에 최초로 수정체를 밖으로 빼내는 수술인 수정체적출술extraction of lens을 창시하고 체계를 확립했다.

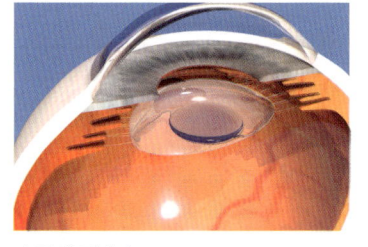

수정체 적출술.

수정체 적출술은 앤이 살고 있던 20세기 초까지 주된 백내장 수술방법으로, 매우 혁명적인 방법이었다.

안과 수술은 현미경과 그 외 미세 수술 도구들의 개발과 함께 비약적으로 발전하게 되었다. 1949년 영국의 H.Ridley에 의해 처음으로 polymethyl methacrylate 재질의 후방 인공수정체가 개발되어 수정체 적출 후 인공수정체를 삽입할 수 있게 되었다.

1952년에는 독일 자이스Zeiss사에서 최초로 안이비인후과용 현미경을 개발해 안과 수술의 정밀도를 높이고 안과의사의 수술 성공률을 끌어올렸다.

1967년 미국의 안과의사 찰스 켈먼Charles Kelman이 세계 최초로 '수정체유화흡인술phacoemulsifieation,

Kelman's phacoemuleifieation aspiration'을 발표했다. 수정체 유화흡인술의 아버지로 불리는 켈먼은 이 외에도 백내장 관련 의료기술과 기구들을 개발했다.

수정체유화흡인술은 약 2~3mm의 미세한 절개를 통해 초음파기구를 삽입 후, 혼탁이 생긴 수정체를 부수고 녹여 흡입하는 수술이다.

현대의학은 이제 레이저로 더 정확하고 더 정교한 수술을 진행하고 있다.

이후 1993년 점안 마취제가 개발되고 2010년 펨토초 레이저$^{Femtoseccond\ Laser}$를 이용한 매우 정확하고 미세한 백내장 수술이 가능해졌다.

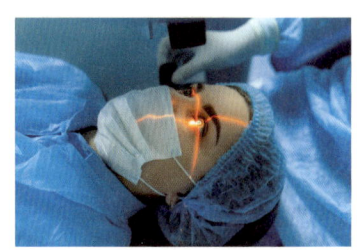

현대사회에서는 백내장 수술을 레이저로 진행하고 있다.

펨토초 레이저의 개발은 백내장 수술뿐만 아니라 과학의 비약적 발전을 이끈 엄청난 발명이었다.

펨토초는 1000조분의 $1(10^{-15})$초를 의미하는 단위로 펨토는 10^{-15}(Femto)을 말한다. 인간의 눈으로는 도저히 감지 불가능한 초정밀 영역의 시간인 것이다.

펨토초는 화학반응이나 양자역학 등 미시세계를 연구하는 과학 분야에서는 반드시 필요한 시간 단위로 펨토초 단위의 짧은 영역에 사용되는 극초단 레이저를 펨토초 레이저라고 한다.

펨토초 레이저는 10~50 펨토초 동안만 점멸하는 펄스다. 이 엄청나게 짧은 순간의 깜빡임으로 분자와 원자의 운동을 촬영할 수 있다.

펨토초 레이저의 이러한 특성을 이용해 1999년 미국 캘리포니아 공대의 아흐메드 즈웨일 Ahmed Hassan Zewail 교수는 원자와 분자를 촬영할 수 있는 펨토초 초고속 카메라를 발명해 노벨 화학상을 받았다.

펨토초 초고속 카메라는 펨토초 레이저를 이용해 펄스를 전자에 쏜 후, 일정 시간을 기다렸다가 다시 레이저를 쏘아 전자에서 방출되는 빛의 세기를 분석하는 원리다. 두 번째 펄스에서 나오는 빛으로 분자와 원자의 운동상태에 대한 많은 정보를 알 수 있다.

펨토초 레이저는 물리학뿐만이 아닌, 화학, 생

물학, 공학, 반도체, 의학 등 다양한 분야에 사용된다.

특히 펨토초 레이저를 이용한 백내장 수술은 최근 많이 시행되고 있는 최첨단 시술 중 하나다. 펨토초 레이저 수술의 장점은 수정체 안에 수술도구 삽입 시, 매우 정교하고 정확한 삽입이 가능해 수술 안정성이 높다는 것과 수정체를 미세하게 부수어 수술시간 단축과 부작용을 최소화할 수 있다는 것이다.

이후 인공수정체 삽입 시 정확한 위치를 선정할 수 있게 해줘 시력교정에 효과적이며 수술시간 단축에도 큰 장점이 있다.

인공수정체는 백내장 수술 후, 소멸한 수정체를 대신하고 노안 교정을 위해 안구에 삽입하는 물질이다. 인공수정체 수술의 성공 여부는 정확한 위치에 삽입되어 원하는 시력을 회복하는 것이다.

펨토초 레이저의 정밀함은 기존의 레이저를 능가한다. 기존의 레이저는 정밀한 수술 시, 세포를 태워 죽이게 되지만 펨토초 레이저는 분자 한 개 단위까지 개별적이고 정교한 치료가 가능할 정도로 정확하여 정상 세포를 태우는 일이 없게 된다.

펨토초 레이저의 가능성과 활용 분야는 암치료, 분자와 원자의 운동, 쿼크연구, 라식, 각막이식, 반도체, 금속드릴링, 디스플레이 유리 등 무궁무진하며 앞으로도 더욱 기대되는 분야다.

이제 의료와 기초과학은 뗄 수 없는 관계에 있다. 화학, 생물학, 물리학 등의 기초과학과 최첨단 공학의 발달은 외과수술을 비롯한 의료 전반에 아주 큰 영향을 주어 많은 사람을 살리는 의료기술의 견인차가 되고 있다.

현재 우리나라에서도 펨토초 레이저에 대한 연구가 활발히 진행되고 있다. 한 발 더 나아가 아토초^{atto} 단위까지 범위를 넓히고 있다.

아토초는 10^{-10}(10경분의 1)을 나타내는 시간 단위로 원자와 원자 내부의 전자를 연구하는 데 필요하다.

펨토초와 아토초의 단위에서 사용 가능한 초극단 레이저의 개발은 난치병, 암, 외과수술 등 다양한 영역에서 의료발전의 원동력이 될 것으로 기대되고 있다.

초록 지붕의 앤, 안녕……

《빨간 머리 앤》의 본편《초록 지붕의 앤》은 이렇게 막을 내리게 된다.

《빨간 머리 앤》은 100년이 넘도록 여전히 전 세계의 독자들에게 큰 사랑을 받고 있다.

우리가《빨간 머리 앤》을 좋아하는 이유 중 하나는 어려운 역경 속에서도 희망과 꿈을 포기하지 않고 그것을 상상과 호기심으로 승화시키는 앤의 정신적 의지와 마음에 감동하기 때문이다.

이처럼 인간의 상상력 안에는 엄청난 힘이 내재 되어 있다. 슬픔과 아픔 속에서도 그것을 딛고 일어나 또다시 자신의 길을 힘차게 걸어가게 해주는 힘이다.

뿐만 아니라, 글을 통해 전해지는 애번리 마을의 아름다운 자연은 상상하는 것만으로도 충분한 평화와 행복 속에 머물게 만

든다.

주근깨 빼빼 마른 고아 소녀 빨간 머리 앤! 비록 작고 볼품없는 어린 소녀지만 '앤 셜리'의 풍부한 상상력이 선사하는 긍정적인 마음과 희망을 향한 용기는 우리 마음 안에 고스란히 전해진다.

세상이 내 생각대로 되지 않아 지치고 우울할 때, 앤은 언제나 우리에게 다시 돌아와 이렇게 말해 줄 것이다.

"생각대로 되지 않는 건 정말 멋진 일 같아요. 생각지도 못한 일이 일어나잖아요"

It is incredible that I can't it think what is going to happen, Because what I didn,t expect is happening

참고 사이트

EBS 인강 물리
KISTI의 과학향기   http://www.kisti.re.kr/
과학 인물 백과   https://terms.naver.com
과학쿠키   https://www.youtube.com/channel/UCmgRYMK5d65PbjN8qkjAUBA
국가건강정보포털 건강 칼럼. 질병관리청   https://health.kdca.go.kr
네이버 지식백과   https://terms.naver.com/
물리학백과 한국물리학회   http://www.kps.or.kr
비상학습백과 중학교 사회 ① 비상교육   http://www.visang.com/
중학교 과학 비상학습백과   https://terms.naver.com
천문학백과 한국천문학회   http://www.kas.org/
한국항공우주연구원   http://www.kari.re.kr/
화학백과 대한화학회   http://new.kcsnet.or.kr

참고 도서

100가지 과학의 대발견   켄들 헤븐 지음 | 박미용 옮김 | 지브레인
고교생이 알아야 할 생물 스페셜   이병언 지음 | (주)신원문화사
살아 있는 지리 교과서   전국지리교사연합회 지음 | 휴머니스트
아인슈타인의 시계, 푸앵카레의 지도 시간의 제국들   피터 갤리슨 지음 | 동아시아